Für meinen Sohn Collin,
für die Pferde
und alle ihre Freunde.

Die Fotos von Gilles Delaborde wurden ergänzt:
Bios: Michel Gunther, großes Einbandfoto
Serge Farissier: Seite 156
Anne-Marie Le Mut: Seite 170
Agence Nature: J. F. Ferrero, Seiten 192/193
Jean-Louis Gouraud: Seiten 214, 216/217
Hugo M. Cerny (München): Seite 224
Werner Ernst (Ganderkesee): Seiten 224/225
Helga Lade Fotoagentur (Frankfurt/Main): Seite 225
Silvestris Fotoservice (Kastl/Obb.): Seiten 224/225

Franz. Originaltitel : Copain des chevaux

Legale Auslieferung: September 1991

Deutsch von Claudia Denzler

ISBN 3-7886-0207-4

Imprimé en France

TESSLOFFS GROSSES
Pferdebuch

Text von Jean-François BALLEREAU

mit der freundlichen Unterstützung von
Brigitte BLANCHE und Bertrand PERTHUIS

Fotos von Gilles DELABORDE

Tessloff Verlag

Inhalt

Vorwort

Willkommen, lieber Pferdefreund!

Du träumst davon, ein Pferd zu besitzen, um mit wehenden Haaren wie ein Cowboy, ein Hirt in der Camargue oder ein Indianer dahinzugaloppieren. Du hast Lust, am Lagerfeuer unter dem Sternenhimmel bei ihm zu schlafen. Und wenn du aus der Schule kommst, würdest du dich gern um ein Pony kümmern.

Aber das Pferd, dieser „Sohn des Windes", früher frei und wild, erscheint dir auch geheimnisvoll. Es schüchtert dich ein bißchen ein.

Dieses Buch wird dir helfen, das Pferd zu deinem Freund zu machen. Es beantwortet nahezu alle Fragen, die du stellen könntest: Wie füttert man ein Pferd, wie putzt, pflegt, beschlägt, erzieht man es?

Wie unternimmt man mit ihm weite Ausflüge? Was muß man beachten, wenn die Stute ein Fohlen trägt? Wie wird man ein guter Reiter, wie bildet man seinen Gefährten aus?

Kurz, du wirst lernen, mit ihm zu sprechen und seine Gedanken zu lesen.

Außerdem wirst du die Besonderheiten der verschiedenen Rassen kennenlernen.

Rund um die Welt gibt es 180 Rassen. Weißt du, daß das Falabella ein Zwergpferd ist, um 50 Zentimeter hoch, und daß das Shire-Horse mit mehr als 2 Metern das größte von allen ist?

Daß das Camargue-Pferd im Wasser weidet und daß früher Ponys in Kohlegruben arbeiteten?

Du suchst einen Ponyclub oder eine Reitschule, um besser reiten zu lernen? Du würdest gern mit deiner Familie im Wohnwagen Urlaub machen ... Auch dann ist dieses Buch etwas für dich.

Es erzählt zahlreiche Anekdoten und gibt viele praktische Ratschläge, bringt dir bei, die Ausgaben für dein Pferd zu berechnen, das richtige Futter für deinen Gefährten zu finden und einen Platz, um es unterzubringen. Und wenn du später überlegst, ob du Pferdepfleger werden willst, Züchter oder Tierarzt, findest du hier nützliche Hinweise über die Wege, die zu diesen Berufen und zu anderen führen, bei denen du mit Pferden arbeiten kannst.

Zum Schluß erfährst du Interessantes aus dem Leben einiger alter Reitervölker.

Na dann, herzlich willkommen in der Welt der Pferde!

Exterieur des Pferdes

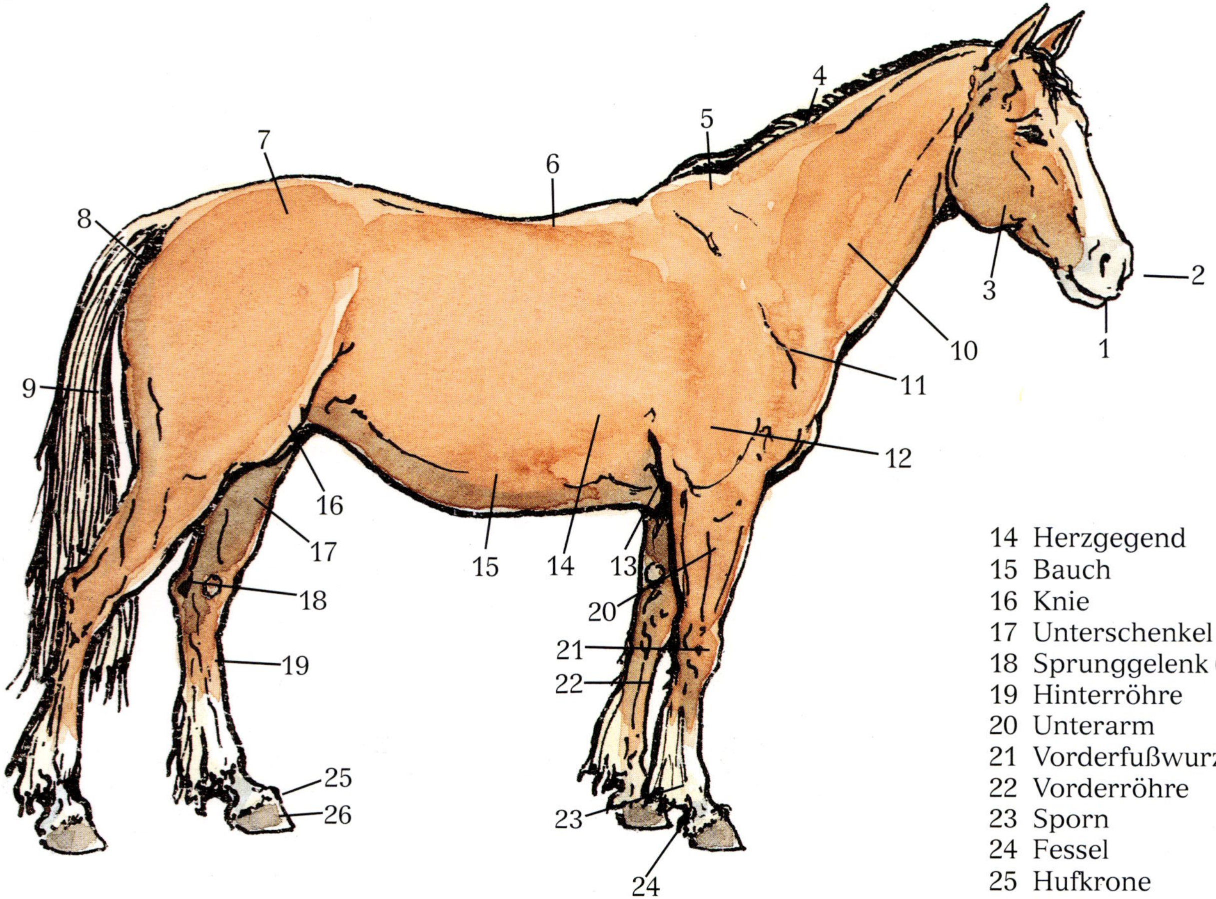

1 Maulspalte
2 Nüster
3 Ganasche
4 Mähne
5 Widerrist
6 Rücken
7 Kruppe
8 Schweifrübe
9 Schweif
10 Hals
11 Schultergelenk
12 Schulter
13 Unterbrust
14 Herzgegend
15 Bauch
16 Knie
17 Unterschenkel
18 Sprunggelenk (Ferse)
19 Hinterröhre
20 Unterarm
21 Vorderfußwurzelgelenk
22 Vorderröhre
23 Sporn
24 Fessel
25 Hufkrone
26 Huf

Die Abstammung

Das Pferd ist ein großes, beeindruckendes Tier.
Aber es war nicht immer so groß und auch nicht so schnell.
Bevor es der „Sohn des Windes“ wurde, schnell und stark, brauchte es Millionen Jahre.
Du mußt diese lange Geschichte kennen, um zu verstehen, wer das Pferd eigentlich ist.
Es ist eine Persönlichkeit.

Die Vorfahren des Pferdes

Das Werk der Zeit

Natürlich haben sich die vier bodenberührenden Krallenzehen der Vorfahren unseres Hauspferdes nicht an einem Tag zurückgebildet. Ihre Zehenhufzahl hat sich im Laufe der Jahrmillionen und der Generationen allmählich verringert. Um schneller zu sein, den Raubtieren zu entkommen und zu überleben.

In Deutschland fand man im Geiseltal (südlich von Halle/S.) Reste des Urpferdchens – Propalaeotherium. Es lebte vor 50 Millionen Jahren.
Nachfahren des Eohippus wurden in Afrika und in den Pariser Kreidefelsen entdeckt.

Der älteste bekannte Ururur . . . großvater des Pferdes lebte vor etwa 50 Millionen Jahren. Aber der eigentliche Stammvater des Hauspferdes, von den Wissenschaftlern Equus caballus genannt, tauchte erst vor 4 Millionen Jahren auf.

Das „Pferd der Morgenröte"

Das Eohippus oder „Pferd der Morgenröte" war ein kleiner Pflanzenfresser von der Größe eines Hasen. Was für ein hübscher Name für diesen Urgroßvater des Pferdes. Stell dir nur vor! Es war kleiner als dein Schaukelpferd. Seine Gliedmaßen endeten in vier krallenartigen Zehen. Um sich vor Raubtieren zu schützen, konnte es sich nur in den Wäldern verstecken.

Sein Nachfahre, 40 Millionen Jahre alt, heißt Mesohippus oder „Pferd der Mitte". Es war 50 Zentimeter hoch und hatte nur noch drei Zehen ohne Krallen.

Das „Pferd des Weidelandes“

Die nächste Etappe liegt 25 Millionen Jahre zurück: Das Merychippus oder „Pferd des Weidelandes“ begann die Wälder zu verlassen. Es wurde etwa 90 Zentimeter hoch und setzte beim Laufen nur noch eine, von einem festen Huf umgebene Zehe auf.

Außerhalb der Wälder ist das Rennen einfacher, es ist ein gutes Mittel, seinen Feinden zu entkommen.

Der erste „Sohn des Windes“

Das Pliohippus oder „das jüngste Pferd“ ist der nächste Vorfahre unseres Pferdes. Es erschien vor 10 Millionen Jahren und sieht dem Pferd, das du kennst, sehr ähnlich. Als kräftiger Läufer hatte es nun die baumlose Steppe als Lebensraum gewählt. Dort konnte es bei Gefahr leicht fliehen – mit der Geschwindigkeit des Windes!

Fliehen, das beste Mittel, den Raubtieren zu entkommen. Aber man muß ein Läufer sein, schnell und kräftig, fähig, ohne Rast weit weg zu laufen! Nur deshalb konnten die Vorfahren des Pferdes in den Steppen überleben.

Fehlende Waffen

Hirsche, Büffel oder Bisons verteidigen sich, indem sie ihren Angreifern entgegentreten. Sie tragen „Waffen“ auf der Stirn: ihre Geweihe oder Hörner. Das Pferd hat keine solche Hilfen. Seine wichtigste Verteidigung ist die Flucht.

Leben in der Herde

Die Pferde einer Herde drängen sich nur selten aneinander. Trotz des engen Kontaktes der Tiere einer Gruppe halten Pferde stets ihren Individualabstand ein. Oft schließen sich jedoch einzelne Paare innerhalb ihrer Herde zusammen.

Der „Napoleon" unter den Pferden

Im letzten Jahrhundert lebte eine Pferdeherde in den Dünen der Gascogne. Sie wurde von einem Hengst geführt, den man „Napoleon der Pferde" nannte, denn er war ein großer Taktiker! Jedesmal, wenn man bei einer Treibjagd versuchte, seine Herde einzufangen, gelang es ihm, mit ihr zu entkommen. Er ließ die Reiter herankommen, trieb seine Tiere zu der Höhe einer steil abfallenden Düne, die für Pferde, die einen Reiter trugen, unerreichbar war. Von dort fand er mit einem Blick den schwachen Punkt der Jäger, die ihn einkreisten. Er ordnete seine Herde, die Fohlen zuerst, dann die Stuten, er selbst bildete die Nachhut. Jetzt trieb er alle zum Galopp an. Die Treiber konnten einem solchen Angriff nicht standhalten. Und „Napoleon" verschwand mit Stuten und Fohlen…

Heute gibt es nur noch wenige wilde Pferdeherden. Diese zu beobachten ist die beste Möglichkeit, das Pferd verstehen zu lernen.

Zehn Augen sehen mehr als eines

Weit entfernte Vorfahren der Pferde haben wahrscheinlich gelernt, in der Herde zu leben, als sie die Wälder verließen und in die Steppe zogen. Denn im ungeschützten Gelände ist die Gefahr, überrascht zu werden, für mehrere Tiere geringer als für ein einzelnes: Jedes kann über einen Teil der Umgebung wachen und die Artgenossen bei Gefahr warnen.

Der Herdentrieb

Das Bedürfnis, in der Gruppe zu leben, vor allem wegen der Sicherheit, ist bei Pferden stark entwickelt. Man nennt dieses Verhalten den Herdentrieb.

Wir werden noch darauf zurückkommen, denn er ist die Ursache vieler Gewohnheiten und Reaktionen des Pferdes.

Einer für alle, alle für einen!

In der Gemeinschaft leben heißt auch sich gegenseitig helfen können. Im Winter stellen sich die Pferde einer Herde oft im Kreis auf, die Köpfe nach innen, die Kruppe nach außen, um sich gegenseitig zu wärmen. In dieser Formation verteidigen sie sich auch gegen Wölfe. Die Raubtiere weichen vor dieser Mauer schlagender Hufe zurück!

Manchmal hilft auch ein Pferd einem anderen, sie sind Freunde.

Die Herde – ein Familienverband

Die Pferde leben nicht in großen Herden, wie die Bisons oder Gnus. Sie leben in Gruppen von zehn oder zwölf Tieren und entfernen sich kaum voneinander.

Sie wachen alle!

Der Hengst, der Chef

Die Herde ist keine Mischung aus männlichen und weiblichen Tieren. Sie besteht nur aus Stuten, Fohlen und einem Hengst. Dieser Hengst ist der Chef! Er wacht eifersüchtig über seinen Harem, seinen Besitz! Er kämpft, um ihn zu verteidigen! Gegen Raubtiere, aber auch gegen junge männliche Tiere, die seinen Platz einnehmen wollen. Eines Tages ist er zu alt und wird besiegt. Dann wird die Herde „Eigentum" eines neuen Hengstes.

Die „Mutter für alle"

In einer Herde findet man Stuten jeden Alters. Die älteste ist meist die erfahrenste. Oft lenkt sie die kleine Gesellschaft (mit dem Einverständnis des Hengstes!). Sie führt sie zu den besten Weideplätzen, läßt sie im richtigen Moment trinken und zeigt ihnen auf der Flucht den Weg. Sie ist die dominante Stute, der die Indianer den schönen Namen „Mutter für alle" gaben.

Die Freunde zuerst

Wenn du einem einzelnen Pferd begegnest, bedenke die Kraft des Herdentriebes. Es fühlt sich nicht wohl allein! Ein Pferd ist in der Lage, alle Hindernisse zu überwinden, um zu seinen Gefährten zurückzukehren, von denen man es getrennt hat, auch wenn es sich dabei verletzen könnte. Beim Brand eines Pferdestalls beispielsweise wollten die Pferde, die fliehen konnten, ihre Gefährten, die Gefangene der Flammen waren, nicht verlassen. So sind alle verbrannt.

Der Abschied vom Fohlendasein

Im Frühling kommen die Fohlen zur Welt. Sie bleiben nicht lange bei der Herde. Mit etwa 2 Jahren lassen sich die Stutfohlen von einem vorbeiziehenden Hengst weglocken. Sie folgen ihm und vergrößern seinen Harem. Die männlichen Tiere sind mit 3 Jahren erwachsen. Sie werden zu Rivalen ihrer Väter, die sie verjagen! Dann bilden sie eine Gruppe von Junghengsten, aber Chef einer Herde werden sie nur durch Kampf!

Große und kleine Chefs

Wie die Menschen unterscheiden sich auch die einzelnen Pferde sehr voneinander. Jedes hat seinen Charakter! Man könnte die Tiere einer Herde fast mit Menschen vergleichen. Da gibt es den Gutmütigen, den Mürrischen, den Klugen, den Angeber ...

Die Rangordnung

Manche Pferde sind ängstlich, andere verwegen; einige sind schüchtern, andere autoritär. Das erklärt die Rangordnung, die innerhalb einer Herde besteht – einige befehlen, andere gehorchen.

Der Hengst ist wie der Kapitän eines Schiffes. Niemand darf sich ihm widersetzen. Der Leutnant ist die alte dominante Stute. Dann kommen alle anderen. Und der Schwächste ist der, dem alle das saftige Grasbüschel wegfressen können, auf das er es abgesehen hat!

Vorsichtig, aber mutig

Der erste Reflex eines Hengstes bei Gefahr ist die Flucht. Es fehlt ihm jedoch nicht an Mut! Wenn nötig, stellt er sich der Gefahr. Er kann sogar starke Feinde besiegen, zum Beispiel einen Puma. Er „boxt" ihn mit seinen Vorderhufen, schlägt ihn mit seinen Hinterhufen, und wenn er ihn mit den Zähnen zu packen bekommt, ist die Raubkatze oft zum Tode verurteilt.

Ordnung in der Unordnung

Man könnte meinen, daß die Pferde die Rangordnung der Herde auch dann einhalten, wenn sie umherziehen. Aber sie sind keine Soldaten! Auf der Flucht oder auf dem Weg zur Wasserstelle werden nur der Hengst oder die dominante Stute als Führer respektiert. Die anderen folgen, wie sie wollen. Aber fast immer an der Seite eines Kameraden.

Wirkliche Hengstkämpfe sind selten. Oft schüchtert der Stärkere den Schwächeren nur ein.

Vernünftiger als die Menschen

Bei den Menschen versuchen die Untergebenen oft, den Platz des Chefs einzunehmen. Die Pferde sind vernünftiger!

Ist die Rangordnung in einer Herde einmal festgelegt, wird sie selten in Frage gestellt – jeder behält seine Stellung.

Es kann natürlich Streit zwischen zwei Tieren geben. Aber nur kurz! Eine drohende Geste des Stärkeren, und der Schwächere weicht zurück.

Innerhalb einer Herde gibt es niemals ernsthafte Kämpfe.

Seinen Platz erkämpfen

Einziger Fall, in dem die Rangordnung gestört wird, ist die Ankunft eines Neuen in der Herde. Besser gesagt, EINER Neuen! Denn es kann sich nur um eine Stute handeln, die der Hengst angelockt hat. Mehrere Tage sind oft notwendig, damit sie erkennt, wen sie kommandieren kann und wem sie gehorchen muß. Dazu bedarf es einiger Läufe, „Fußtritte" und Bisse. Niemals aber gibt es ernsthafte Verletzungen.

Die Kämpfe der Leithengste

Ein Herr zu sein, muß man sich verdienen! Vor allem als Hengst. Er muß kämpfen, um den Besitzer eines Harems zu entthronen und um die Seinen vor allen Gefahren zu schützen. Eine schwere Aufgabe!
Die Kämpfe der Hengste um den Besitz einer Herde sind nicht immer gefährlich.

Sie beschränken sich oft auf Einschüchterungsmanöver – der Stärkere schlägt den anderen in die Flucht. Aber wenn die Gegner wirklich aufeinander losgehen, gibt es einen wilden Kampf. Auf den Hinterbeinen stehend, schlagen sie mit den Hufen, versuchen sie, in den Hals oder die Vorderbeine des anderen zu beißen. Schließlich zieht sich der Schwächere zurück.

Manchmal ist er verletzt. Wenn der Kiefer oder ein Bein gebrochen ist, wird er in wenigen Tagen sterben.

Echte oder vermeintliche Gefahr?

Mit einem lauten Wiehern warnt der Leithengst die Seinen. Die Stuten und Fohlen wenden sich ihm zu. Zweites Wiehern: Die Herde galoppiert los. Die dominante Stute, die „Mutter für alle", leitet die Flucht. Der Hengst treibt alle voran, indem er die Säumigen beißt! Aber oft rettet sich die Herde auch vor einer eingebildeten Gefahr. Pferde sind meist sehr furchtsam.

Nicht ermüdende Wachsamkeit

Der Hengst ist Tag und Nacht wachsam, auch wenn es scheint, als würde er friedlich am Rande der Herde weiden. Das hindert ihn nicht daran, auf der Hut zu sein. Er beobachtet die Umgebung: Beim geringsten Geräusch legt er die Ohren an und nimmt die Gerüche auf, die der Wind ihm zuträgt. Wann schläft er? Fast nie. Er schlummert nur ein paar Minuten am Tag, im Stehen. Und wenn er eine Gefahr wittert, ist er hellwach.

Unter Freunden

In der Schule hast du Kameraden und vielleicht einen richtigen Freund.
Bei den Pferden einer Herde ist es genauso.
Es gibt auch unter ihnen echte Freundschaften.

Das unermüdliche Spiel – die Schule

Bei den jungen Pferden bedeutet Freundschaft zuerst, miteinander zu spielen. Aus Kontaktfreude und Bewegungsdrang verfolgen sie sich und schlagen aus – man spielt einen Kampf.

Aber während man sich so amüsiert, lernt man auch zu überleben. Das Fohlen, das fröhlich losgaloppiert, entdeckt die Möglichkeit der Flucht. Wenn es freundschaftlich mit seinem Gefährten kämpft, lernt es, anzugreifen und sich zu verteidigen. Allmählich wird es ein erfahrenes Pferd.

Oft sieht man zwei Pferde, die sich gegenseitig den Kopf auf die Kruppe legen. Sie helfen sich auf ihre Art. Sie verjagen mit dem Schweif die Fliegen vom Kopf des anderen Tieres. Und dann schmusen sie. Das heißt, daß sie sich gegenseitig den Widerrist mit den Zähnen beknabbern.

Die weisen Stuten

Eine Stute, die in der Wüste oder in der Steppe ein Fohlen zur Welt bringt, ist vielen Gefahren ausgesetzt. Oft entfernt sie sich von der Herde und versteckt sich, um ihr Neugeborenes zu schützen. Wenn sie jedoch bei der Gruppe bleibt, wird sie oft von einer oder mehreren Stuten unterstützt. Wehe dem Wolf oder Puma, die sich dann mit räuberischer Absicht nähern. Sie haben kaum eine Chance, das Junge zu erbeuten.

Treue Freunde

Manchmal entfernen sich zwei Pferde nie voneinander. Sie weiden Schulter an Schulter und zeigen ihre Unruhe, sobald sich der andere entfernt. Es sind männliche oder weibliche Tiere, nicht unbedingt im selben Alter. Sie haben sich einfach gern. Sie lieben sich. Oft sind dies auch äußerlich ähnliche Pferde, etwa zwei Schimmel oder zwei gescheckte Ponys. Und wenn einer von beiden stirbt, bleibt der andere oft für den Rest seiner Tage allein. Er lebt am Rande der Herde.

Wie schön, sich zu entspannen! Wie schön, sich zu wälzen! Aber es ist nicht nur zum Vergnügen. Diese Übungen sind für die Pferde lebenswichtig. Sie halten damit ihre Muskulatur in Form, um möglichen Gefahren durch schnelle Flucht zu entkommen.

Spiel oder echter Kampf? Für die Pferde ist es dasselbe. Aber ihre echten oder nur vorgetäuschten Kämpfe fordern nur selten Opfer.

Von der Umwelt geprägt

Lange Zeit hinderte die Pferde nichts, durch die Welt zu ziehen. Aber die Menschen wurden immer zahlreicher. Sie haben den „Söhnen des Windes“ immer mehr von ihrer Freiheit geraubt.

Sich einer neuen Umgebung anpassen – Wäldern, Bergen oder Sümpfen – das heißt, sich zu verändern. Zahlreiche Rassen haben sich auf diese Weise entwickelt.

Zuflucht fern der Steppe

Waren die Menschen zunächst nur Jäger, begannen sie später allmählich den Boden urbar zu machen. Die Felder wurden größer und größer. Man verjagte die wilden Tiere, auch die Pferde. Das Fortschreiten der menschlichen Zivilisation zwang viele von ihnen, die Steppen zu verlassen. Sie suchten Zuflucht in wenig bewohnten Gebieten, fern von den Bauern und den Jägern – in den Sümpfen, Bergen und Wäldern.

„Sprechende“ Pferde

Die Pferde paßten sich der neuen Umgebung an, die ganz anders war als die Steppe. Die Bäume, die Wasserlöcher, die felsigen Hänge behinderten die Flucht und standen ihrer Sicherheit im Weg. In den Sümpfen entwickelten sie große Geschicklichkeit, im Schlamm zu galoppieren und gefährliche Böden zu erkennen. In den Wäldern lernten sie „sprechen“, denn zwischen den Bäumen ist es oft schwer, sich im Auge zu behalten.

Um sich zu verständigen und vor einer Gefahr zu warnen, lernten die Pferde, über verschiedenartige Lautäußerungen Kontakt miteinander zu halten.

So rauh wie ihre „Wiege“

Der Ort, der eine Rasse formte, wird „Wiege“ genannt. Je härter das Leben dort war, desto härter, kräftiger, widerstandsfähiger sind die Pferde, aber auch sehr intelligent. Eigenschaften, ohne die sie nicht überleben konnten.

Das Pferd – ein Helfer des Menschen

Das Pferd und der Mensch leben seit Tausenden von Jahren zusammen. Aber die Menschen haben nicht sofort verstanden, daß der „Sohn des Windes“ ein wertvoller Helfer sein kann.

Vom Schlachttier zum Reittier

Lange nach Schaf und Kuh wurde das Pferd zum Haustier des Menschen. Mehr als 25 000 Jahre lang aß er nur sein Fleisch, gerbte sein Fell für Kleider und trank die Milch der Stuten.

Erst vor 5 000 Jahren entdeckten Menschen, daß man die Kräfte eines Pferdes für den Transport von Waren nutzen konnte. Und wenn es Lasten auf seinem Rücken trug, warum nicht auch einen Menschen?

Die Zucht – eine sehr alte Methode

Das Leben der Reiter, vor allem Krieger und Jäger, hing oft von der Schnelligkeit und Ausdauer des Reittieres ab. Deshalb wurden die besten Pferde zur Fortpflanzung ausgewählt.

Die Zucht von Pferderassen wird schon seit über 2 000 Jahren betrieben und hat eine große Formen- und Merkmalsvielfalt hervorgebracht.

Im Land des Dschingis-Khan

Zuerst wurde das Pferd in den Steppen Asiens gezähmt, vielleicht in der Mongolei. Dort leben viele Menschen noch heute wie zur Zeit Dschingis-Khans im 13. Jahrhundert. Sie trinken die Milch trächtiger Stuten, den Kumys. Sie hüten ihre Herden nur vom Sattel aus. Man behauptet sogar, ein Mongole würde niemals vom Pferd fallen.

Die Menschen „auf vier Beinen“...

Die ersten Reiter tauchten vor 3 500 Jahren auf. Sie unterschieden sich deutlich von anderen Menschen, denn sie liefen „auf vier Beinen“! So waren sie auf ihren Reisen, bei der Jagd und beim Hüten ihrer Tiere viel schneller und ermüdeten weniger. Aber ihre Fähigkeit, schnell und weit voranzukommen, machte aus ihnen gefürchtete Krieger, bald wurden sie zu Eroberern und Plünderern.

Für jede Nutzungsart ein Pferd

Ein guter Schüler ist selten in allen Fächern stark. Ein gutes Pferd ebensowenig. Es hat ebenfalls seine starken Seiten.
Gut im Springen oder besser im Galopp? Für jede Nutzungsart gibt es einen Pferdetyp.

Die drei Hauptaufgaben

Schon immer haben die Züchter die Pferde nach der Art der Verwendung ausgewählt, für die sie bestimmt waren. Logisch! Man verlangt auch nicht von einem Schwimmer, Gewichte zu stemmen.

Die drei wichtigsten Typen sind heute das Reit-, das Zug- und das Freizeitpferd mit vielen Varianten.

Nicht irgend etwas mit irgendwem!

Ein Reiter kann in den Sattel steigen, um das Derby in Hamburg zu reiten, um die Stiere in der Camargue zu treiben oder um Polo zu spielen. Diese drei verschiedenen Verwendungsarten erfordern entsprechende Pferde. Ebenso kann ein Pferd, das nur einen leichten Wagen zu ziehen vermag, nicht vor einen schweren Karren gespannt werden.

Leichte Schlußfolgerung: Jedes Pferd ist Spezialist für eine oder mehrere Aufgaben.

Für die Bauern und die Postkutscher

Früher züchteten die Menschen Arbeitspferde, die den Pflug oder die Postkutsche zogen, die Kähne durch die Kanäle schleppten und die das Getreide droschen. Sie züchteten auch Reitpferde: für die Post, für die Reise und vor allem für die Kavallerie.

Heute sind die Pferde meist Freizeitgefährten. Aber man züchtet noch immer viele Typen.

Pferde im Mittelalter

Ihrer Aufgabe entsprechend wurden bereits im Mittelalter besondere Pferdetypen gezüchtet:
Der Karossier war das Kutschpferd vor allem für Paraden.
Der Zelter, das sanfte Reittier im Paßgang, wurde von Damen und von Reisenden bevorzugt.
Die schweren Ritterrosse, gezüchtet aus Andalusiern und einheimischen Pferden, benutzten die Ritter nur im Kampf.
Bald wurden die Ritter jedoch von wendigeren Reiterformationen, wie Kürassieren, Dragonern und Husaren, abgelöst.

Rennpferde werden nach ihrer Fähigkeit ausgewählt, eine Entfernung von höchstens 3 bis 4 Kilometern schnell zurückzulegen. Man kann sie sich nicht vor einen schweren Wagen gespannt vorstellen! Jedem seine Aufgabe.

Die ersten Gespanntiere waren die Ochsen, über ihre Hörner konnte man das Joch legen. Pferde haben keine Hörner. Erst mit der Erfindung des Kummets konnte man sie für diese Aufgaben einsetzen. Nun versuchten die Züchter, große und kräftige Pferderassen hervorzubringen. Spezialisten für das Ziehen schwerer Wagen.

Das Camargue-Pferd lebt in einem „zwischen Erde und Wasser verlorenen“ Land, von dem es jeden Winkel kennt. Es wächst und weidet an der Seite des schwarzen Stiers, von dem es jede Reaktion kennt und errät. Inmitten der Sümpfe ist es deshalb ein unverzichtbarer Gehilfe, um die Herden zu treiben. Der Hirt auf seinem Rücken könnte ihm fast die ganze Arbeit allein überlassen.

Eine besondere Fachsprache

Die Alltagssprache

Jeden Tag sprichst du vom Pferd, selbst ohne es zu bemerken.
Du hörst oder sagst: „Den muß man an die Kandare nehmen“ oder „Er wiehert vor Vergnügen“ oder „Mit dir kann man Pferde stehlen“.
Es gibt Dutzende Redewendungen wie diese. Sie stammen aus der Zeit, in der das Pferd der alltägliche Arbeitskamerad des Menschen war.

Vielleicht findest du in diesem Buch Begriffe, die du nicht sofort verstanden hast – Kruppe, Widerrist, Zügel ...
Wenn du ein Buch über die Seefahrt lesen würdest, fändest du andere, zunächst unverständliche Fachausdrücke. Jede Technik hat ihre Besonderheiten. Das Pferd aber ist ein Lebewesen.

Liebevolle Bezeichnungen

Unsere Vorfahren haben verstanden, daß das Pferd zwar ein Diener ist, aber auch ein besonderes Tier – eine Persönlichkeit!

Deshalb gaben sie verschiedenen Körperteilen des Pferdes dieselben Bezeichnungen, wie man sie beim Menschen verwendet. Kein anderes Tier hat dieses Privileg erhalten.

So hat das Pferd keine Pfoten, sondern Beine, keinen Schwanz, sondern einen Schweif. Diese Unterschiede sind nicht uninteressant (siehe Seite 11).

Die richtigen Begriffe zu gebrauchen heißt auch, das Pferd zu respektieren. Auch für die vielseitige Nutzung des Pferdes gibt es Fachwörter.

Von „Aalstrich“ bis „Zügel“

Für jede Tierart verwendet man besondere Begriffe, auch für ihre „Sprache“. Pferde verständigen sich unter anderem durch ihre Mimik, verschiedene Gebärden, Haltungen und Lautäußerungen: Wiehern, Prusten, Quietschen, Schnauben. Um jedoch das Pferd und das, was es kann, zu beschreiben, haben wir einen viel reicheren Wortschatz als für eine Kuh. Du wirst schnell lernen, was Abzeichen, Fessel oder Zügel bedeuten.

Bald wirst du auch verstehen, was es heißt, wenn sich ein Pferd aufbäumt, wenn es ausschlägt oder die Ohren anlegt. Um zu erfahren, was diese Begriffe bedeuten, sieh auch in den Sachworterklärungen (Seite 226 bis 229) nach.

Vom „Sitz“ bis zur „Kinnkette“

Ein Pferd satteln und aufsitzen, es anspannen und führen: All diese Tätigkeiten haben auch ihre entsprechenden Fachbegriffe. Über einen schlechten Reiter spottet man und sagt: „Er sitzt auf dem Pferd wie die Butter auf der heißen Kartoffel.“ Der „Sitz“ ist die Haltung, mit der man auf dem Pferderücken sitzt. Die „Kinnkette“ ist kein Schmuck, sondern ein Teil des „Zaumzeugs“. Und das „Zaumzeug“, fragst du dich, was ist das?

Um es zu erfahren, mußt du wieder in den Sachworterklärungen nachsehen.

Was mögen sich diese beiden Freunde erzählen? Täusch dich nicht. Sie können auch ohne Laute reden. Jeder ihrer Gesichtsausdrücke und jede ihrer Haltungen hat eine Bedeutung. Diese geheimnisvolle Sprache der Pferde ist sicher am schwersten zu verstehen. Du mußt dich viel mit ihnen beschäftigen.

Vom Kleinsten bis zum Größten

Es gibt viele verschiedene Pferderassen: die kleinen und die großen, die lebhaften und die ruhigen, die schweren und die leichten.

Manche Rassen erkennt man auf den ersten Blick. Bei anderen sind die Merkmale weniger deutlich ausgeprägt.

Wir werden versuchen, sie einzuordnen.

Aber das ist ebenso schwierig, wie die Menschen ordnen zu wollen.

Viel Erfahrung gehört dazu.

Rassen und Typen

Was für ein Größenunterschied! Trotzdem gehören die kleinen Ponys und die großen schweren Pferde zu derselben Familie, eben zu den Hauspferden.

Klein und robust

Im allgemeinen ist ein Pferd, je kleiner es ist, um so stämmiger, kräftiger, ausdauernder, in einem Wort robuster. Engländer nennen Pferde, die kleiner als 1,47 Meter sind, Ponys. In Deutschland unterscheidet man häufig innerhalb dieser Größenordnung Ponys und Kleinpferde. Ponys sind Rassen unter 1,30 Meter Widerristhöhe und verkörpern den urwüchsigen Typ. Die anderen sind Kleinpferde.
Im allgemeinen ist die Zuordnung aber nicht so streng. Man spricht beispielsweise vom Connemara-Pony, obwohl die Rasse 1,42 Meter Höhe erreicht.

Die Tiere einer Rasse haben viele Gemeinsamkeiten. Manchmal sind sie fast völlig gleich. Logisch – sie kommen aus derselben Familie. Sie stammen aus derselben Gegend, aus derselben „Wiege" und sind leicht zu erkennen. Aber es gibt 180 Rassen, und zwischen diesen sind die Unterschiede sehr groß.

Mit der Meßlatte oder dem Bandmaß

Als Größe oder Höhe eines Pferdes wird die mit dem Stockmaß (Meßlatte) oder dem Bandmaß gemessene Höhe des Widerristes (siehe Sachworterklärungen) angegeben. Großpferde sind größer als 1,50 Meter, die meisten erreichen eine Widerristhöhe zwischen 1,60 und 1,70 Meter.

Die kleineren Pferde sind entweder Ponys oder Kleinpferde (siehe Randtext links).

Typische Großpferde sind: Englisches Vollblut, Hannoveraner, Holsteiner, Selle Francais, Lipizzaner, Brabanter, Shire-Horse…

Mit „warmem Blut" oder „kaltem Blut"

Es gibt drei Großpferdetypen: Vollblutpferde, Warmblutpferde und Kaltblutpferde. Die Voll- und Warmblutpferde sind lebhafte, schlanke und manchmal nervöse Tiere. Sie gehören zu den Rassen mit leichtem Körperbau, meist sind es Reittiere.

Die schweren Kaltblutpferde sind ruhig, gedrungen und stärker. Sie sind die besten Zugpferde.

Einfach und kompliziert

All das erscheint dir einfach? Aber diese Grundcharakteristika sind oft vermischt. Es gibt kleine und große Kaltblut- und Warmblutpferde in allen Farben. Ohne die Mischlinge aller Typen zu zählen. Man benötigt viel Erfahrung, um das Ergebnis einer Kreuzung zwischen einer Kaltblutstute und einem Warmbluthengst richtig einordnen zu können.

Im allgemeinen ist ein Pferd von feinerem und leichterem Körperbau, je mehr „Warmblut" es hat. Was für ein Unterschied zwischen der Nervosität eines Vollblutpferdes und der Bedächtigkeit eines Bretonen oder eines Rheinisch-Westfälischen Kaltbluts! Während das Vollblutpferd ein „etwas verrücktes" Rennpferd ist, wie es sich die Trainer wünschen, sind die Kaltblüter Zugpferde, die willig arbeiten.

Ponys und Kleinpferde

Nicht überfüttern!

Umweltbedingungen haben großen Einfluß auf die Eigenschaften einer Rasse. Das Shetland-Pony stammt aus einer sehr kargen Gegend und ist deshalb sehr genügsam. Es braucht nicht viel Nahrung. Wenn man ihm zu reichhaltiges Futter anbietet, kann es krank werden. Das trifft für die meisten Ponys zu.

Wenn der Boden mit Schnee bedeckt ist, weiden Rinder nicht mehr. Die Pferde tun es trotzdem. Sie scharren mit dem Huf, um an die vom Schnee bedeckten Gräser zu gelangen. Das Shetland-Pony ist darin ein Meister. Es findet seine magere Kost noch unter einer Schneeschicht, die höher ist als es selbst.

Das Shetland-Pony

Das ist ein reizendes kleines Pferdchen. Ganz klein und rund, selten höher als einen Meter. Sein Fell ist sehr kräftig, vor allem im Winter. Seine Mähne und sein Schweif sind üppig. Es hat einen schmalen, edlen Kopf mit lebhaften Augen und großen Nüstern.

Einsame Inseln

Das Shetland-Pony stammt von den nordöstlich von Schottland gelegenen Shetlandinseln. Auf den einsamen, von ständigem Wind geprägten Inseln findet man nur Moos, Heidekraut und harte Gräser. Keine Bäume, kaum Unterschlupf.

Wahrlich eine rauhe „Wiege", in der sich nur eine widerstandsfähige und genügsame Rasse entwickeln konnte.

Unermüdliches Shetland-Pony

Vielleicht meinst du, ein so kleines Pferd wäre nicht sehr stark? Irrtum. Es zieht mehr als das Doppelte seiner eigenen Körpermasse von 150 bis 200 Kilogramm. Ob als Reitpferd oder im Gespann, es ist wirklich unermüdlich. Um 1820 hat ein Shetland-Pony eine wahre Heldentat vollbracht: Es hat an einem Tag einen Mann, der ebenso schwer war wie es selbst, 85 Kilometer weit getragen.

Vom Kohlebergwerk zum Ponyclub

Das Shetland-Pony wurde schon vor langer Zeit als Reit- und Zugpferd gebraucht. Im letzten Jahrhundert ließ man es wegen seiner geringen Körpergröße, seiner Kraft und seiner Ausdauer die Wagen in den Stollen der Bergwerke ziehen; dort erblindete es. Heute ist es ein guter Gefährte der Kinder, freundlich, intelligent und robust.

Pferde verhalten sich Schwächeren gegenüber oft sehr rücksichtsvoll. Dieses Verhalten ist beim Welsh-Mountain-Pony besonders ausgeprägt. Ist das Pony auf dem Foto wütend? Überhaupt nicht. Vielleicht ist es nur froh, aus dem Stall herausgekommen zu sein.

Intelligente Ponys

Ponys sind oft klüger als Großpferde. Stell dir folgende Situation vor: Ein Pony steht durstig vor einem Rinnsal, in dem klares Wasser fließt: Es kniet sich hin, um zu trinken. Ein anderes will seine Weide verlassen: Es rutscht einfach unter der Umzäunung hindurch, ohne auch nur einen Kratzer abzubekommen. Ein drittes hat sich in seiner Leine verstrickt: Es ruft seinen Herrn, daß er es befreit.

Das Welsh-Mountain-Pony

Auch wenn es im Durchschnitt nur 1,20 Meter hoch wird, es ist die Vornehmheit in Person. Sein arabischer Kopf mit den weit geöffneten Nüstern, sein schlanker Körper und die feinen Glieder lassen es aristokratisch erscheinen. Es ist edel!

Schon die Römer

Das Interesse der Menschen für das Welsh-Mountain-Pony, das aus dem Land der Gallier stammt, besteht seit der Zeit Cäsars. Die Römer sollen ein Gestüt errichtet haben, um es zu züchten. Die Welsh-Mountain-Ponys laufen noch immer frei durch die walisischen Berge und Ebenen.

Jedes Jahr fängt man einige von ihnen. Sie sind dazu bestimmt, die Rasseeigenschaften zu erhalten.

Das Welsh-Mountain-Pony – ein guter Springer

Das kleine Welsh-Mountain-Pony ist sehr freundlich. Vor allem zu Kindern. Man kann es anspannen oder auf ihm reiten, und es ist ein guter Springer. Viele Jagd- und Tunierponyrassen entstanden durch die Kreuzung mit Welsh-Mountain-Ponys.

Das Landais-Pony

Lange Mähne und aufmerksame Augen: Es wirkt noch etwas wild. Das war es auch bis zur Mitte dieses Jahrhunderts. Es lebte in Herden in den Dünen der südwestlichen Atlantikküste Frankreichs und in den Wäldern des Landes.

Die Menschen kümmerten sich nicht um die Pferde und fingen nur die wenigen Tiere, die sie für die Arbeit brauchten.

Aber dann kam der Krieg. Man hungerte – Fleisch „lieferten" die Ponys...

Sein Ursprung

Deshalb hat das Landais heute als Vorfahen nur gezähmte Tiere, die noch auf den Bauernhöfen lebten. Es ist 1,25 bis 1,35 Meter hoch. Gleichzeitig schlank und kräftig, ruhig, meist aber lebhaft.

Sein Ursprung geht auf nordafrikanische Pferde (Berber) zurück.

Ein ausdauernder Traber

Angespannt leistet das Landais hervorragende Arbeit: Es trabt zu gerne. Da es schwere Lasten über weite Entfernungen tragen kann, wird es besonders für lange Reittouren sehr geschätzt.

Das Landais ist ein typisches Pony. Es paßt sich jeder Situation an. Eine Überschwemmung stört es nicht. Es taucht sein Maul ins Wasser, um die zartesten Gräser zu fressen.

Das New-Forest-Pony

Dieses Pony wird wegen seiner Freundlichkeit, seiner Sanftheit und seinem Mut geschätzt. Das sind viele gute Eigenschaften. Es ist ein hervorragendes Pferd für Spazierritte, und darüber hinaus ist es besonders „straßensicher". Ohne Angst würde es den Kurfürstendamm entlanglaufen.

Der versteckte Hengst

Der berühmteste Vorfahre der heutigen New-Forest-Ponys ist der Araber-Vollbluthengst „Marske". Ein Farmer kaufte ihn 1765, um seine Stute zu decken. Heimlich, 4 Jahre lang. Die Nachkommen von „Marske" wurden fast alle Cracks auf den Rennstrecken.

Die New-Forest-Ponys erinnern an kleine Vollblutpferde. Das ist nicht erstaunlich, denn zwischen 1850 und 1890 stellte Königin Victoria den Züchtern dieser Rasse drei ihrer orientalischen Deckhengste zur Verfügung.

Fast ein Londoner

Es kommt aus der Gegend von New-Forest, einer Waldlandschaft in der Nähe Londons. Dort wird es in Freiheit gehalten, deshalb ist es ausdauernd und anspruchslos. In diesem Heide- und Moorgebiet muß es sich mit sehr kärglichem Futter begnügen.

Größen für jedes Gewicht

Die Größe dieses Ponys liegt zwischen 1,22 und 1,47 Metern. Die Rasse ist in zwei Typen geteilt: die New-Forest A, die kleineren, und die New-Forest B. Der erste Typ ist für kleine Kinder geeignet, der zweite für größere.

Aufgrund ihrer Vielseitigkeit ist die Rasse sehr beliebt – bei jung und alt.

Die Schwierigkeiten einer Cross-Strecke können das Fjord-Pferd nicht schrecken. Es hat die Trittsicherheit und die Unerschrockenheit seiner Vorfahren bewahrt. Das „Pony des Nordens" fürchtet weder Kälte noch Schnee. Aber in warmen Sommerzeiten braucht es viel Wasser.

Das Fjord-Pferd

Dieses Kleinpferd ist leicht an seinem schwarz-silbernen Langhaar und der borstigen Mähne zu erkennen. Sehr schön, aber gedrungen und füllig, ist es eher ein Kaltblut.

Es mag die Menschen sehr. Ihm fehlt es weder an Charakter noch an Freundlichkeit. Das Fjord-Pferd ist auch arbeitsam, mutig und gesellig.

Das Pferd der berühmten Wikinger

Seine Heimat ist Norwegen. Da es über lange Zeiträume hinweg nicht mit anderen Rassen gekreuzt wurde, ist es heute noch so wie zur Zeit der Wikinger. Dieses Seefahrervolk züchtete es vor allem, um Hengstkämpfe zu veranstalten.

Vor allem ein Arbeitstier in Skandinavien

In den bergigen Regionen Skandinaviens arbeitet das Fjord-Pferd wie in vergangenen Zeiten. Es wird vor den Pflug oder den Karren gespannt und trägt Lasten über steile Wege. Man schätzt es auch vor allem wegen seiner Genügsamkeit und Härte.

Das Hauptzuchtland ist Dänemark.

Merkwürdige Kämpfe

Die Wikinger müssen dir sehr grausam erscheinen, wenn sie Pferde zu Kämpfen zwangen. Die Menschen haben immer schon Tiere aufgezogen, um sie kämpfen zu sehen (Hunde, Widder, Kamele). In sogenannten „zivilisierten" Ländern, wie Frankreich oder den USA, gibt es noch heute viele Anhänger von Hahnenkämpfen. In der Natur kämpfen Tiere nur selten einfach aus Spaß, und noch seltener töten sie sich gegenseitig.

Der Haflinger

Der Haflinger ist ein schönes, harmonisch gebautes Kleinpferd. Er ist stets fuchsfarben mit hellem Mähnen- und Schweifhaar. Seine Heimat sind die Alpen, wahrscheinlich Tirol. Dort hat er viele gute Eigenschaften erworben: feste Muskulatur, Trittsicherheit und Charakterfestigkeit.

Ein arabischer Großvater

Alle heutigen Haflinger haben einen gemeinsamen Urahnen – den arabischen Hengst „El Bedavi". Er kam 1874 nach Österreich und wurde mit den kleinen Bergstuten gekreuzt. Schöne und kräftige Fohlen waren die Folge. Bald wollte man im ganzen Land keine anderen Pferde mehr. So wurde der Haflinger geboren. Er hat die elegante Bewegung und die schöne Kopfhaltung seines Urgroßvaters und die Widerstandskraft seiner Urgroßmütter.

Pferdegedächtnis – Elefantengedächtnis

Der Haflinger ist ein bedächtiges Tier, aber von lebhaftem Geist. Es liebt den Kontakt zum Menschen. Seine große Freundlichkeit und seine Ruhe sind jedoch manchmal trügerisch. Wer einen Haflinger nicht versteht und ungerecht zu ihm ist, wird das bald zu spüren bekommen, das Gedächtnis des Kleinpferdes gleicht dem eines Elefanten.

Ein Haflinger vergißt eine Ungerechtigkeit nie.

Der Haflinger – Vorgänger des Traktors

Das kleine fuchsfarbene Pferd war lange Zeit ein wertvoller Gehilfe der Waldarbeiter, um Holz zu transportieren. Mit Ketten vor die Stämme gespannt, schleppte es sie über Berghänge und zog sie aus Gräben bis zu befahrbaren Wegen. Nachdem es in dieser Rolle größtenteils durch den Traktor ersetzt wurde, ist es vor allem zu einem Freizeitgefährten geworden. Es trabt gern zwischen den Deichselstangen.

Unter dem Sattel hat es Spaß daran, voranzukommen. Sein Reiter auch...

Haflinger in Indien

Die Vielseitigkeit und Robustheit der Haflinger ist unübertroffen. Die indische Armee kaufte 1984 fünftausend dieser Pferde für ihre Gebirgstruppen. Seitdem tragen die Tiere schwere Lasten über die Pfade des Himalaja. Sie sind sogar den dortigen Pferden überlegen, die doch daran gewöhnt sind, in mehr als 5 000 Meter Höhe zu leben.

Für jedes Alter

Dank seiner geringen Höhe (zwischen 1,37 und 1,45 Meter) ist der Haflinger ein gutes Reittier für Kinder. Aber da es stabil und kräftig gebaut ist, kann es auch Erwachsene tragen. Vor allem ältere Leute bevorzugen diese Rasse.

Um sein Gespann zu lenken, nutzt der Pferdeführer die Leinen und vor allem seine Stimme. Die Haflinger reagieren sehr aufmerksam auf Laute. Da sie meist in Bergwäldern aufwachsen, sind sie daran gewöhnt, mehr zu hören als zu sehen (Foto Seite 39).

Das Connemara-Pony

Alle Irländer sind Pferdeliebhaber. Das Connemara-Pony stammt aus ihrem Land. Und sie betrachten es als „das beste Pony der Welt".

Frei in den Bergen von Connemara, einer rauhen Gegend im Westen der Insel, aufgewachsen, ist dieses Pony für seine Widerstandsfähigkeit berühmt.

Aber die Irländer finden bei ihm auch andere Qualitäten.

Die Gutmütigkeit des Connemara-Ponys ist bekannt. Liegt sie in seiner Natur? Vielleicht. Sicher auch in der Natur der Irländer ... Sie sind Menschen von großer Güte, eng vertraut mit ihrem Land und seinen Tieren. Seit Jahrhunderten beschäftigen sie sich mit Pferden.

Oft gekreuzt, aber ...

Dieses Pony gehört zu einer sehr alten Rasse. Es lebte immer in Freiheit, in seiner von Winden durchfegten Heimat. Um es größer werden zu lassen, hat man es oft mit spanischen oder arabischen Pferden gekreuzt.

Aber die schwierigen Lebensbedingungen in seiner „Wiege" haben die Einflüsse des fremden Blutes immer wieder zunichte gemacht.

Nichts kann ein echtes Pony aufhalten, schon gar nicht ein Connemara-Pony. Es ist eine ausdauernde und leicht dressurfähige Rasse.

Der Champion unter den Gefährten

Unser kleiner Irländer – er wird 1,30 bis 1,42 hoch – ist ein wahrer Traumgefährte. Er ist bemerkenswert ruhig, leicht zu lenken und zeigt auch die Intelligenz aller Ponys.

Elegant, trittsicher, ein hervorragender Springer – das ideale Reitpferd für Kinder. Mit ihm ist alles möglich: lange Ausritte und Hindernisspringen.

Der Großvater des berühmten Hunter

Vor gar nicht langer Zeit war das Connemara-Pony noch ein Arbeitspferd, unter dem Sattel oder im Gespann. Es hat auch zur Verbesserung verschiedener Rassen beigetragen. Seine Kreuzung mit anderen irischen Pferden ergab den berühmten Hunter – das kräftige Tier für Hetzjagden und Sprünge über Mauern und Gräben.

Das Bäckerpony

Toby war ein graues Connemara-Pony und lebte am Anfang dieses Jahrhunderts. Sein Herr war ein blinder Bäcker. Aber dieses Leiden hinderte ihn nicht, seine Fahrten zu machen, um sein Brot zu verkaufen. Jeden Morgen spannte er Toby an, stieg auf den Wagen und schnalzte mit der Zunge. Das Pony setzte sich in Bewegung und blieb von selbst vor der Tür eines jeden Kunden stehen. So ersetzte es die Augen seines Herrn. Als dieser starb, respektierte man seinen letzten Willen und spannte Toby vor den Leichenwagen, um den Sarg zum Friedhof zu ziehen. „Denn“, so hatte er gesagt, „ein anderes Pferd würde den Weg nicht finden.“

Ein Connemara-Pony ohne glänzendes Fell? Ist es ungepflegt? Nein. Ein Pferd, das sich im Schlamm wälzt, ist nicht schmutzig, denn das ist seine Art, sich zu waschen. So befreit es sich von toten Haaren in seinem Fell und schützt sich vor den Angriffen der Fliegen. Putzen gefällt ihm trotzdem gut – eine zusätzliche Pflege.

Vollblut- und Warmblutpferde

Der Araber und der Rückzug aus Rußland

Aus einem Brief eines Adjutanten Napoleons nach dem Rückzug aus Rußland im Jahre 1812: „Das arabische Pferd erträgt die Anstrengungen und Entbehrungen besser als das europäische. Nach dem Rückzug waren unter den Pferden, die dem Kaiser blieben, nur noch Araber. General Hubert brachte nur eines von seinen fünf Pferden zurück: einen Araber. Hauptmann Simonneau hatte am Ende nichts mehr als seinen Araber. Bei mir ist es dasselbe.“ Die arabischen Reitpferde hatten überlebt, während Tausende anderer Pferde vor Kälte und Hunger gestorben waren.

Das Arabische Vollblut

Einen Araber erkennt man an folgenden typischen Merkmalen: kleiner Kopf und breite Stirn, meist eingebogenes Nasenbein (Hechtkopf), große Augen und Nüstern.

Er hat ein sanftes Wesen, ist aber dennoch feurig im Temperament und erhaben in seinen Bewegungen.

Ein Araber strahlt Adel aus!

Die Glut des Arabers. Seine Kraft, seine Schönheit, seine Lebendigkeit und seine Intelligenz beeindrucken. Natürlich hat ein solches Pferd seine Anhänger auf der ganzen Welt. In Marokko, in den USA, in England, Frankreich, Spanien, Italien, in Deutschland und in vielen anderen Ländern haben Pferdeliebhaber nur ein Ziel – einen Araber zu besitzen.

Die älteste Zuchtrasse

Der Araber hat hervorragende Qualitäten aus zwei Gründen. Der erste: Er wurde mehr als tausend Jahre vor den anderen Rassen gezüchtet und ständig verbessert. Zweiter Grund: Seine „Wiege", die arabische Wüste, ist ein sehr, sehr karges Land.

Gras wächst nur im Winter und zum Frühlingsanfang. Die Pferde wurden zum Teil mit Kamelstutenmilch, Datteln und sogar Heuschrecken aufgezogen.

Solche Existenzbedingungen haben aus ihm ein Pferd gemacht, das fast allem zu widerstehen vermag, ein anpassungsfähiges und intelligentes Tier.

Geliebt von Gott und seinem Propheten

Schon zur Zeit des Religionsstifters Mohammed im 7. Jahrhundert gab es das arabische Pferd. Der Prophet schätzte Pferde sehr, deshalb nahm er sie auch in den Koran – das heilige Buch des Islams – auf.

Dort steht beispielsweise geschrieben: „Jedes Korn Gerste, das man dem Pferd gibt, ist ein gutes Werk." Oder auch: „Gott kommt denen zu Hilfe, die die Pferde pflegen"; „Die Pferde bitten Gott, daß ihre Herren sie lieben mögen."

Allah und das Pferd

Der Prophet Mohammed hatte einen Gefährten, der Pferde über alles liebte. Eines Tages fragte er, ob es diese Tiere auch im Paradies geben würde. Mohammed antwortete ihm: „Wenn Gott dich in das Paradies eintreten läßt, wirst du ein Pferd aus Edelsteinen bekommen, mit zwei Flügeln zum Fliegen." Und das sagt Allah vom Pferd und den Menschen: „Ich habe für den Menschen alles geschaffen, was es auf der Erde gibt. Der Mensch wird das edelste aller Geschöpfe sein und das Pferd das edelste aller Tiere."

Heute züchtet man Araber in vielen Ländern, aber nicht so wie die Beduinen der Wüste. Hier werden die Fohlen nahezu wie Babys betreut. Da sie vom ersten Augenblick ihres Lebens an den Kontakt mit dem Menschen gewöhnt sind, sind sie natürlich von großer Sanftmut. Das nimmt ihnen jedoch nicht ihr Feuer und ihren Stolz.

Ein „Zugpferd" als Großvater

Das ist die lustige Geschichte von „Godolphin Barb", einem Hengst, den Louis XV. vom Herrscher von Tunis geschenkt bekommen hatte. Da das Pferd dem König nicht gefiel, verkaufte er es wieder. Ein Engländer, Lord Godolphin, entdeckte es in einer Straße von Paris. Er beurteilte es mit einem Blick, kaufte es und befreite es aus der Deichsel eines Milchwagens. So hat das Englische Vollblut ein „Zugpferd" zum Großvater.

Champion gegen Champion

Im vergangenen Jahrhundert wollten englische Offiziere ihre Vollblutpferde mit Araberpferden messen. Sie schlugen den Beduinen ein Rennen über 3000 Meter vor. Diese nahmen das Angebot an, aber über 30 Kilometer. Nach dem Startschuß lagen die Vollblutpferde mehrere Kilometer lang an der Spitze. Bald holten die Araber sie ein, überholten sie und gewannen. Bei der Ankunft waren sie noch völlig frisch. Sind die Araber also den Englischen Vollblütern überlegen? Nein. Beide Rassen sind Champions. Aber jede hat ihre Spezialstrecke.

Überall gezüchtet

Der Araber ist im allgemeinen zwischen 1,40 und 1,50 Meter hoch. Sein Haarkleid ist grau, fuchsrot, braun und manchmal schwarz. Es ist die älteste durch systematische Züchtungsarbeit entstandene Rasse.

Man unterscheidet drei Gruppen: Original- oder Vollblut-Araber, Araber und Arabisches Halbblut.

Die „World Arabian Horse Organisation (WAHO)" achtet streng auf die Einhaltung der Rassemerkmale bei der weltweiten Zucht dieser Pferde.

Der Weg des Blutes

Das außergewöhnliche „Pferd der Wüste" diente zu allen Zeiten dazu, andere Rassen zu verbessern. Unmöglich, all jene aufzuzählen, für die es mehr oder weniger der Vorfahre ist. Die Liste wäre zu lang. Eine dieser Rassen ist in der ganzen Welt bekannt – das Englische Vollblut.

Das Englische Vollblut

Um 1700 waren Pferderennen in England sehr beliebt. Deshalb versuchten die Züchter, ständig die Eigenschaften ihrer Tiere zu verbessern. In dieser Zeit wurden drei arabische Hengste importiert: „Byerley Turk", „Darley Arabian" und „Godolphin Barb". Sie wurden mit einheimischen Rennpferdstuten gekreuzt. Aus dieser Verbindung entstanden die schnellsten Fohlen. Das Englische Vollblut war geboren.

Der Araber – ein Cowboypferd? Das ist möglich. Er hat vor allem dazu beigetragen, die zahlreichen amerikanischen Rassen zu verbessern.

Das Wüstenpferd steht nicht gern im Stall, aber es muß oft darin leben. Manche meinen, dieses eingeschränkte Dasein wäre verhängnisvoll für die Qualitäten dieser Rasse; andere dagegen halten diese Qualitäten für „so tief verwurzelt, daß nichts sie beeinträchtigen kann“. Wer hat recht?

Das Friesen-Pferd ist eine sehr alte Rasse. Das Quarter-Horse (Foto unten) dagegen entstand erst vor etwa 350 Jahren. Sicher werden auch in der Zukunft neue Rassen entstehen.

Größter Zuchtverband der Welt

Das Quarter-Horse gehört zu den am meisten verbreiteten Pferden. Außer in den Vereinigten Staaten wird es in mehr als vierzig Ländern gezüchtet. Im Zuchtbuch dieser Rasse sind rund drei Millionen Tiere eingetragen.

Das Friesen-Pferd

Man behauptet, daß es dieses Pferd schon vor 3 000 Jahren in Friesland (Nordniederlande) gab.

Die Tiere kommen nur als Rappen vor, mit langem Behang an Schweif, Mähne und Fesseln.

Ihre Widerristhöhe liegt zwischen 1,55 und 1,60 Metern.

Auf der Piste und im Zirkus

Friesen-Pferd, das bedeutet Fröhlichkeit. Es ist verspielt und immer voller Temperament, aber auch treu und sehr gehorsam. Es ist als Zirkuspferd sehr beliebt. Aber es arbeitet vor allem als Freizeitpferd zum Fahren und Reiten.

Das Quarter-Horse

Die ersten amerikanischen Einwanderer liebten Pferderennen. Da sie keine Pferderennbahnen hatten, machten sie die Hauptstraße ihres Dorfes zur Rennstrecke oder hackten eine Strecke von einer Viertelmeile (1 quarter mile = 400 m) in den Busch.

Diese Kurzstreckenrennen gaben dem Quarter-Horse seinen Namen, denn es war für diese kurze Distanz bestens geeignet.

Ein wahres Geschoß, aber sehr sanft

Das Quarter-Horse entstand in der Kolonistenzeit Nordamerikas, und zwar in erster Linie aus Kreuzungen britischer Hengste mit spanischen Stuten. Seine sehr kräftige, muskulöse Hinterhand gestattet ihm, blitzschnell anzugaloppieren.

Die Pferde sollten sowohl schwere Fuhrwerke als auch Kutschen ziehen und an Pferderennen teilnehmen können.

Dank seiner Kraft, Sanftheit und Gutwilligkeit ist es bestens als Zug-, Reit- und Rennpferd geeignet.

Es ist das beliebteste Pferd der Cowboys!

Wenn das Andalusier-Fohlen erwachsen ist, wird sein Haarkleid weiß sein – wie das seiner Mutter.

Der Andalusier

Diese Rasse ging aus Kreuzungen alter iberischer Pferde mit Berbern, germanischen und maurischen Pferden hervor.

Meist sind es Schimmel mit einer Widerristhöhe von 1,55 bis 1,60 Metern. Die Fohlen werden schwarz geboren.

In der Manege und im Film

Dieses spanische Pferd ist ruhig, intelligent, robust und sehr elegant. Seine Qualitäten sind seit langem berühmt. Vor allem wegen seiner Dressurleistungen in der Manege. Bei den Spaniern gelten die Andalusier auch als gute Stierkampfpferde, und die Filmkaskadeure vertrauen ihnen bei ihren gefährlichen Übungen.

Der Andalusier ist ein Pferd für anspruchsvolle Reiter.

Der Andalusier auf Pilgerfahrt

Die andalusischen Reiter sind sehr stolz auf ihre Pferde. Sie versuchen, sie stets zur Geltung zu bringen. Ein Anlaß dafür ist beispielsweise die Pilgerfahrt der „Romeria del Rocio". Sie findet jedes Jahr in der Nähe von Sevilla statt. Seit Jahrhunderten fährt man mit Pferdegespannen dorthin oder kommt auf seinem Andalusier angeritten. Die Reiter und die Pferde sind dann prächtig geschmückt. Die Pilgerfahrt ist ein Fest für die Pferde.

Der Lipizzaner

Diese Rasse erhielt ihren Namen nach dem 1580 gegründeten Gestüt „Lipizza" bei Triest. Gezüchtet wurden die Lipizzaner aus Andalusiern, Neapolitanern, Arabern und in den Karstgebieten Sloweniens lebenden Pferden. So ist eine gleichermaßen strapazier- und paradefähige Rasse entstanden.

Sie sind meist Schimmel und für die Dressurausbildung der Hohen Schule besonders geeignet.

Weltberühmt wurden die Lipizzaner durch die vor 250 Jahren gegründete „Spanische Reitschule Wien".

Kaltblutpferde – Zugpferde

„Festtagspferde“

Wer Arbeitspferde besitzt, zeigt gern, was sie können. Oft werden sie bei historischen Umzügen oder Festen vorgeführt. Wenn du Gelegenheit hast, an solch einer Veranstaltung teilzunehmen, darfst du sie nicht verpassen. Du wirst reich geschmückte Kaltblutpferde sehen. In England verwendet man vor allem das Shire-Horse und in Süddeutschland den Noriker.

Diese kräftigen Tiere mit starkem Körperbau werden etwa so groß wie Reitpferde. Sie sind jedoch ruhiger als ihre leichten Verwandten mit „warmem Blut“, deshalb nennt man sie Kaltblutpferde.

Zugtier und Fleischlieferant

Jahrhundertelang waren die schweren Pferde die Gefährten der Bauern und der Fuhrleute. Kaltblutpferde zogen Karren, Kutschen, Wagen und die Kähne in den Kanälen. Dann wurden sie durch Traktoren und Lastkraftwagen ersetzt.

Viele Züchter interessierten sich jetzt vor allem für die schweren Pferde, um sie an die Schlächter zu verkaufen. Diese Schlachtfohlenproduktion hat die körperlichen Eigenschaften einiger Rassen verändert.

Dem Traktor überlegen

Auch die stärksten Maschinen haben ihre Grenzen. Im Unterschied zu einem Traktor kommt ein Pferd beispielsweise fast durch jede Schneewehe. Es zerstört weder den Boden noch die jungen Pflanzen, wenn es die Baumstämme aus dem Wald zieht.

Ein anderer Vorteil: Ein Pferd braucht kein Benzin, sondern nachwachsendes Futter. All das stimmt seit einigen Jahren wieder nachdenklich. Und die Pferde werden wieder für bestimmte Arbeiten eingesetzt.

Zurück zu der Arbeit von einst

Um zwischen den Artischocken- oder Blumenkohlreihen den Boden aufzulockern, spannen die Bretonen lieber ein Pferd an. Seine Hufe stampfen den Boden weniger fest als die Räder eines Traktors. Im Wald ziehen wieder Pferde die Stämme. Für manche Aufgaben hat das Pferd seinen Platz von einst wiedergefunden. Heute unterscheidet man in einigen Ländern zwischen zwei Typen: Der schwere Typ ist zum Fleischlieferanten bestimmt und der muskulöse für die Arbeit. Er hilft dem Bauern. In Deutschland wird jedoch kaum Pferdefleisch gegessen.

Diese kräftigen und ausdauernden Gespanne sind vor allem für die Arbeit auf dem Feld geeignet. Früher liefen manchmal Pferde vor Ochsengespannen her. Sie sollten die Ochsen antreiben. Auch Maulesel werden vor den Pflug gespannt und von einem Pferd geführt.

Bei der Arbeit im Gespann müssen Mensch und Tier harmonisch zusammenwirken; sie müssen sich ergänzen.

Der Percheron

Der Percheron ist eine der bekanntesten Zugpferderassen. Die Tiere werden 1,58 bis 1,73 Meter groß und sind Schimmel oder Rappen. Ihre Zuchtgeschichte reicht bis in die Zeit des Barocks zurück. Sie waren Pferde der Postkutsche, später zogen sie in Paris auch Omnibusse.

Engländer, Amerikaner und Japaner schätzen seine guten Eigenschaften besonders.

Viele amerikanische Farmer bestellen ihre Felder mit Pferden. Ihnen erscheint das Gespann billiger als der Traktor, dabei bevorzugen sie den Percheron. Man züchtet diese Rasse auch in den USA und läßt dafür Deckhengste aus der Gegend von Perche (südwestlich von Paris gelegen) kommen.

In jedem Land gibt es Anhänger schwerer Pferde. Die Kaltblutpferde, wie dieser Brabanter, sind Zeugen der Vergangenheit, aber ebenso Symbole von Kraft und Schönheit. In Deutschland werden Schleswiger (Jütländer) und Rheinisch-Westfälisches Kaltblut bevorzugt.

Ein Bretone oder eine andere Rasse? Der Kopf allein reicht nicht aus, um das zu entscheiden. Früher gab es noch ein Reit- und Zugpferd, das heute fast verschwunden ist, das Corlay.

Der Brabanter

Das Ursprungsgebiet dieses wuchtigen Kaltblutpferdes ist die belgische Provinz Brabant. Die Tiere werden 1,55 bis 1,75 Meter hoch und bis zu 1 200 Kilogramm schwer. Sie kommen in allen Farben vor.

Kreuzungen mit anderen Rassen haben den Brabanter kaum verändert.

Der Comtois

Mit ihm verfügt Frankreich über einen leichten Kaltblüter.
Er ist das Pferd des Burgunder Weinlandes und des Juragebirges. Der Comtois ist ein guter Arbeitskamerad mit hoher Trittsicherheit.

Und außerdem ist er schön mit seinem fuchsfarbenen oder braunen Haarkleid und dem silbernen Langhaar.

Dieser Bauer führt seine frisch beschlagenen Comtois aus der Schmiede. Aber nicht alle Hufschmiede beschlagen schwere Pferde. Da es nicht mehr so viele Kaltblutpferde gibt, haben die Handwerker nicht immer die passenden Hufeisen vorrätig.

Der Bretone

Es gibt zwei Typen. Der eine ist das bretonische Zugpferd, ein wirklich schweres und kräftiges Pferd. Der andere ist das Postkutschenpferd, er ist leichter. Die Tiere erreichen eine Widerristhöhe von 1,55 bis 1,65 Metern. Alle Farben kommen vor – vorherrschend sind jedoch Braune und Schimmel.

Im Stutbuch sind über zehntausend Stuten eingetragen.

Paulines Instinkt

Ein Kutscher fuhr mit seinem Kremser durch Frankreich, gezogen von seiner Stute Pauline. Eines Abends fuhren sie durch einen Wald. Pauline zog den Wagen voller Eifer. Die Nacht kam, der Mond schien nicht. Der Kutscher überließ es Pauline, in der Dunkelheit den Weg zu finden. Sie zögerte nicht. Aber sie wurde allmählich müde. Plötzlich stampfte sie und blieb unbeweglich auf der Stelle stehen. Als der Morgen graute, sah der Kutscher, daß sie am Rande eines Sumpfes standen. Seitdem hörte er immer auf das, was Pauline ihm „sagte“.

In vielen Farben und Fellzeichnungen

Die Wildpferde hatten ein graubraunes oder fahlgraues Fell mit dunkleren Streifen auf dem Rücken und an den Beinen. Manche fielen durch den sogenannten Aalstrich auf. Bei den heutigen Rassen gibt es zahlreiche Fellfarben.

Mustangs leben in Nordamerika. Sie stammen von andalusischen Pferden ab, die den Menschen entflohen und zum wilden Leben zurückkehrten. Man findet ihre Herden in den Wüsten des Westens der USA, frei wie die ersten „Söhne des Windes".
Es gibt sie in allen Farben.

Das Haarkleid

Am Pferd lassen sich vier Haararten unterscheiden: Deck- und Wollhaare sowie Schutz- und Tasthaare. Die Deckhaare schützen die Tiere vor Nässe und Kälte, und sie können unterschiedlich gefärbt sein.

Pferde mit einfarbigen Haaren

Dazu gehören:
- Rappen (gesamte Behaarung schwarz)
- Braune (hell- bis dunkelbraunes Deckhaar, schwarzes Langhaar)
- Falben (gelbliches bis graues Deckhaar, schwarzes Langhaar; aufgehellte Variante der Braunen, meist mit Aalstrich)
- Füchse (rotes Deckhaar, Mähne und Schweif gleichfalls rot)
- Isabellen (gelbes Deckhaar, gelbes Langhaar; aufgehellte Variante der Füchse)
- weißgeborene Weißisabellen und Albinos mit rosaroten Augen

Pferde mit gemischten Haaren

Dazu gehören:
- Schimmel (weiße Deckhaare auf dunkler Haut; Fohlen dunkel)
- Stichelhaarige (Übergang von Einfarbigkeit zur Scheckenfärbung)
- Schecken (Gemisch aus farbigen und weißen Haaren)

Abzeichen

Darunter versteht man weiße Haarstellen, die sich am Kopf, an den Beinen oder manchmal auch am Bauch der Pferde befinden.

Stern **großer Stern** **Schnippe** **durchgehende weiße Blesse**

Die argentinische Exaktheit

Mit der Zeit wirst du die Unterschiede innerhalb dieser Grundfarben entdecken. Du wirst auch sehen, welches Pferd „gewaschenes“ Langhaar hat (weiß), daß ein anderes einen Aalstrich trägt (dunkle Linie entlang der Wirbelsäule). Und vielleicht wirst du auch so peinlich genau wie die Argentinier. Sie unterscheiden mehr als einhundert Fellfarben. Und alle haben ihre Namen.

Veränderliches Haarkleid

Die Pferde behalten nicht ihr ganzes Leben lang dieselbe Farbe: Oft ändert sich ihr Fell im Laufe der Monate und Jahre. Diese Veränderungen treten meist im Frühjahr und im Herbst beim Haarwechsel auf. Ein schwarz geborenes Fohlen kann oft grau werden. Und nach etwa 10 Jahren ist es richtig weiß, ein Schimmel. Die Abzeichen jedoch sind angeboren und verändern sich auch im Alter nicht!

Ungewöhnliche Pferde

Warum gibt es in Europa so wenige Schecken? Früher mußten beim Militär alle Pferde einer Schwadron dieselbe Farbe haben. Da es schwierig war, gleich aussehende Schecken zu züchten, bevorzugte man in der Armee Füchse, Schimmel oder Braune. So sind die Schecken in Europa fast völlig verschwunden.

Die Vorfahren des im Nordwesten der heutigen USA lebenden Indianerstammes Nez-Percé waren die Züchter der berühmten „bunten" Appaloosa.

Die Pferde versetzen dich immer wieder in Erstaunen. Hier werden einige Rassen vorgestellt, die du nicht jeden Tag treffen wirst.

Pferde mit Scheckenhaar

Unter den Schecken gibt es Fuchs-, Falb-, Braun- und Rappschecken. Außerdem unterscheidet man noch Tiger- und Plattenschecken.

Der Pinto – eine Farbrasse

Direkte Scheckenrassen gibt es in Europa nicht. In den USA werden jedoch die Pintos der auffallenden Scheckung wegen gezüchtet. Entsprechend ihrer Rassezugehörigkeit werden die Pferde in getrennte Stutbücher eingetragen.

Man darf Pintos aber nicht mit den Paints verwechseln. Diese Rasse wurde erst 1956 gegründet, ihr gehören nur gescheckte Quarter-Horses an.

Die Schecken unter den Quarter-Horses wurden nämlich nicht in die Zuchtbücher der „normalen" eingetragen.

Der Appaloosa – ein Indianerpferd

Diese Rasse wurde von den Nez-Percés gezüchtet, die am Fluß Palouse lebten. Nach ihm erhielten die Pferde ihren Namen. Aus „a palouse“ wurde Appaloosa.

Die Tiere haben ein ganz oder nur teilweise geflecktes Fell. Die Indianer schätzten aber nicht die Fellzeichnung und Farbe ihrer Pferde, sondern auch ihre Härte und Leistungsbereitschaft.

Heute ist die Rasse als Freizeitpferd sehr beliebt – nicht nur in Nordamerika.

Ist es ein Palomino oder ein Pinto? Das Haarkleid ist fast golden, aber es hat auch große Flecken. Nun, es ist ein Pinto-Palomino (Foto in der Mitte). Wichtig ist auf jeden Fall, daß es ein „braves“ Pferd ist und sich gut mit seinem Reiter versteht.

Der Palomino – ein Traum

Das gelbe Deckhaar dieser Isabellen hat einen wunderbaren Metallglanz. Mähne und Schweif des Palomino sind nahezu weiß und die Hufe tiefschwarz. Vor allem in den USA beschäftigt man sich mit der Züchtung der Palomino-Rasse. Sie weist Merkmale des Arabers und des Andalusiers auf.

Der Achal-Tekkiner ist von bemerkenswerter Genügsamkeit und Ausdauer. Manche Tiere dieser Rasse sind die berühmten Paßgänger.

Der Achal-Tekkiner – eine uralte Rasse

Sie stammt aus Turkmenistan. Die Tiere werden etwa 1,55 Meter groß. Auffallend sind ihre ungewöhnlich schönen Farben, die meist golden schimmern. Achal-Tekkiner sind grazile Reitpferde im Typ des Vollblut-Rennpferdes.

Vom Zwerg bis zum Riesen

Die Pferde sind von sehr unterschiedlicher Größe. Es gibt Ponys, Kleinpferde und Großpferde. Die Widerristhöhe ist entscheidend, sie wird mit dem Bandmaß oder mit der Meßlatte gemessen.

Das winzige Falabella

Dieses argentinische Zwergpferd wird 50 bis 70 Zentimeter hoch, also kaum größer als ein Hund – ein richtiges Liebhaber-Pferdchen.

Es ist aber kräftig und voller Temperament und läuft sogar im Gespann vor einem Wagen; dieser ist natürlich dem Tier angepaßt.

Unverwechselbar – ein Shire-Horse. Die einzelnen Tiere sind an ihren Abzeichen leicht zu unterscheiden.

Größenvergleich: Falabella, normales Pferd und Shire-Horse.

Geheime Züchtung

Das Falabella entstand aus der Kreuzung eines kleinen Vollblutpferdes und einer Shetland-Pony-Stute. Das geschah zu Beginn des Jahrhunderts in Argentinien bei der Familie Falabella – in aller Heimlichkeit. Man weiß nichts von der ersten Zeit seiner Entwicklung. Und man weiß auch nichts von den „blauen" Pferden und denen, die mehr als 2 Meter hoch wurden, die dieselbe Familie gezüchtet haben soll.

Das größte Pferd der Welt

Es hieß „Brooklyn Supreme" und lebte in den Vereinigten Staaten von Amerika, in Iowa. Man bezeichnete es als „Koloß". Ein gut gewählter Name. Denn dieser Brabanter-Hengst maß 2,19 Meter und war 1600 Kilogramm schwer. Er starb 1948 im Alter von 20 Jahren. Kein Pferd hat danach diese Größe und diese Körpermasse erreicht.

Das riesige Shire-Horse

Seine Vorfahren waren die großen, schweren Ritterpferde. Es erreicht eine Widerristhöhe von 1,85 Metern und wird 1000 Kilogramm schwer.

Auffallend sind seine Abzeichen und der Behang unterhalb der Sprunggelenke. Das gibt ihm ein imposantes Aussehen.

Ein „Werbepferd" der Bierbrauer

Wegen seiner Höhe und Kraft war das Shire-Horse lange Zeit als Gespannpferd der englischen Bierbrauer berühmt. Zu zweit, zu viert oder zu sechst zogen sie die schweren, mit Bierfässern und -kästen beladenen Wagen.

Heute wird es vor allem im Schauwesen und in der Werbung für Bier verwendet.

Besondere Gangarten

Sanfte Gangart – Tölt

Eine Variante des Paßganges ist der Tölt. Vor allem die Island-Ponys haben Veranlagung zu dieser sanften Gangart. Island-Ponys werden deshalb in vielen europäischen Ländern und in Nordamerika besonders gern auf Wanderungen geritten.

Pferde bewegen sich in verschiedenen Gangarten: im Galopp, Trab und Schritt, manche im Paßgang, Tölt oder im Paso Fino. Die drei letzteren sind für den Reiter besonders angenehm.

Bevorzugt – im Mittelalter

Ein Adliger im Mittelalter hätte seiner Dame nie erlaubt, auf einem anderen Pferd als einem Paßgänger zu reiten. Auch alte Menschen und Geistliche ritten damals auf Tieren mit dieser angenehm weich gleitenden Gangart.

Im Paßgang

In dieser Gangart setzt ein Pferd das Beinpaar einer Körperseite gleichzeitig nach vorn, dann folgt das Beinpaar der anderen Seite.

Im Schritt entsteht dabei eine für den Reiter unangenehme Schaukelbewegung. Der schnellere Paßgang ist angenehmer, er ist bis zum Renntempo steigerbar. Dieser sogenannte Rennpaß erfordert aber ein besonders gutes Zusammenspiel von Reiter und Pferd.

Tölt und Paßgang ist auf manchen Böden für das Pferd sehr bequem. Auf jeden Fall aber für den Reiter. Der Paßgänger ist deshalb vor allem ein hervorragendes Reisepferd.

Die Paso-Fino-Gangart

Für manche südamerikanischen Pferderassen ist der Tölt in mehreren Variationen typisch, beispielsweise für das Criollo. In Chile, Kolumbien und Peru wurde aus dieser Rasse der Paso Fino gezüchtet.

Diese Pferde zeigen eine typische Gangart. Es ist ein gebrochener Paß, in der Trittfolge gleicht sie dem Tölt der Island-Ponys, erreicht aber das Tempo des Galopps.

Die Peruaner geben gern eine Vorführung mit ihren Pferden, indem sie, ein gefülltes Glas Wasser in der Hand haltend, losreiten und dabei keinen Tropfen verschütten.

Eine Gangart für den Sand

Der Paßgänger läuft wie Kamele und Lamas, wie Tiere also, deren Heimat in sandigen Gebieten liegt.

Pferde nehmen diese Gangart an, um sich dem nachgebenden Sand anzupassen. So ermüden sie weniger schnell. Bekannt als geborene Paßgänger sind das Island-Pony und das südamerikanische Criollo sowie der Paso Fino.

Zu den „Gangpferden" zählen auch das Tennessee-Walking-Horse und das Amerikanische Saddlebred-Horse.

Wilde und zahme Verwandte

Die Familie der Pferdeartigen gehört mit drei Gruppen zu den Unpaarhufern: die echten Pferde, die gestreiften Zebras und die einfarbigen Esel mit den langen Ohren. Manche Zoologen bezeichnen die asiatischen Esel mit den kürzeren Ohren jedoch als „Halbesel".

Dummer Esel?

Man sagt „dumm wie ein Esel", „störrisch wie ein Esel", „Buridans Esel" – der verhungerte, weil er sich nicht zwischen zwei gleich großen Heuhaufen entscheiden konnte. Kinder machen in ihren Heften „Eselsohren", und früher mußten die schlechten Schüler in der Schule eine „Eselsmütze" tragen. Der Esel war immer ein Symbol für Dummheit und Heimtücke. Wenn man ihn kennenlernt, wird man aber feststellen, daß er sanft, gehorsam und intelligent ist.

Das Maultier – die Kreuzung von Eselhengst und Pferdestute – mit seiner großen Trittsicherheit wird vor allem in den Bergen geschätzt. Noch heute trägt es dort die Lasten.

In vielen Ländern leistet der Esel auch heute noch seine Dienste vor dem Karren. Er bringt alles überallhin und verlangt weiter nichts als ein bißchen Wasser, Heu und Stroh und - keine Schläge.

Die „Halbesel"

Die „Halbesel" stammen aus der Mongolei und anderen asiatischen Ländern. Sie haben meist ein gelbliches Fell (mit heller Bauchseite) und sind leichter als die grauen afrikanischen Wildesel. Die bekanntesten asiatischen Wildesel sind der Kulan und der Onager.

Lange Ohren – Eselsohren

Es gibt viele Zuchtformen von Hauseseln, ihre Farbe reicht vom wildfarbenen Grau bis Hellgrau und Braun bis Schwarzbraun.

Das „Langohr" war immer das „Pferd der Armen". Ob als Packesel oder im Gespann, seine Genügsamkeit ist berühmt.

Als Steppen- und Wüstentier verträgt der Hausesel jedoch Nässe und Kälte schlecht. Er wird deshalb in Ägypten, Syrien, im Iran und in Südeuropa gehalten. In Mitteleuropa ist er selten.

Die einzelnen Zebra-Arten kann man an der Streifung ihres Haarkleides unterscheiden. Diese beiden Steppen-Zebras haben Freundschaft geschlossen. Andere Arten sind das Berg-, das Grevy-, das Grant- und das Chapman-Zebra.

Das Zebra – kein Haustier

Zebras leben nur im Osten und Süden Afrikas in Gruppen von 10 bis 30 Tieren. In der Trockenzeit schließen sie sich zu riesigen Herden zusammen. Ein Leithengst führt die Tiere zu neuen Weidegebieten. Zebras werden häufig in Zoos gehalten; sie pflanzen sich hier auch fort.

Maultier und Maulesel

Die Pferdeartigen können untereinander gekreuzt werden. So gibt es Mischlinge, bei denen die Eltern Zebra und Pferd sind.
Die Kreuzung einer Pferdestute mit einem Eselhengst ergibt das Maultier. Es ist seit langer Zeit ein Gehilfe des Menschen. Die Tiere sind kräftig, anspruchslos und trittsicher.
Ein Maulesel entsteht aus der Kreuzung einer Eselstute und einem Pferdehengst. Wie das Maultier ist er unfruchtbar.

Ein vierbeiniger Gefährte

Wenn du ein wirklicher Freund des Pferdes werden willst, mußt du immer daran denken, daß es ein Tier – ein Lebewesen – ist, mit dem man sich ständig beschäftigen muß, um es kennenzulernen und in seinem Verhalten zu verstehen.

Dein Fahrrad kannst du einfach in die Ecke stellen – das Pferd nicht!

Das Pferd – eine Persönlichkeit

Wenn du willst, daß jemand, den du liebst, auch dich gern hat, mußt du ihn vor allem achten. Das ist bei einem Pferd nicht schwer. Seine Schönheit und Vornehmheit verlangt jedem Respekt ab.

Richtig ansprechen

Der erste Grundsatz, dem Pferd Achtung zu erweisen, ist, die entsprechenden Begriffe zu kennen. Ein echter Pferdefreund verwendet niemals abwertende Bezeichnungen, wie Gaul, Mähre oder Klepper.
Natürlich weiß das Pferd nicht, ob du gut von ihm sprichst oder nicht. Es spürt es aber an deinem Tonfall.

Früher ein Pferd?

Im vorigen Jahrhundert fing ein Mann allein eine Herde Mustangs. Wie gelang ihm das? Er brachte sein Reitpferd dazu, Leithengst dieser Mustangherde zu werden. Dann führte er die Tiere in eine Koppel. Sein Name war Bob Lemmons, und er glaubte ganz fest daran, im „vorigen Leben" ein Pferd gewesen zu sein.

Wie ein Pferd denken

Auch wenn es in einem Pferdestall lebt, bewahrt das Pferd alle Instinkte seiner Vorfahren, der „Söhne des Windes". Es hat seine eigene Welt. Sie hat nichts mit deiner Welt zu tun. Um es dir zum Freund zu machen, mußt du dich in seine Welt begeben.

Bemühe dich, seine Bedürfnisse, seine Wünsche und seine Ängste zu verstehen. Denke wie ein Pferd. Wenn man versucht, wie der „andere" zu denken, ist das schon ein Beweis der Achtung, die man empfindet.

Das „Paradies auf Erden"

Um „wie ein Pferd zu denken", mußt du Körper und Geist des Pferdes kennen. Wir werden es zusammen entdecken. Dann ist es einfach, man muß sich nur an seine Stelle versetzen. Wenn dir das gelingt, wirst du es achten. Es wird sehr empfänglich sein für deine Anwesenheit und deine Aufmerksamkeiten. Bereit, dir zu Fuß und vor allem auf seinem Rücken das „Paradies auf Erden" zu bieten.

Willkommen in der Welt des Pferdes! Um ein Zentaur zu werden, das heißt, mit dem Pferd zu verschmelzen, muß man allmählich seine Geheimnisse entdecken. Eines Tages wirst auch du ohne Sattel – nur mit einem Halfter – über die Wiesen galoppieren können, in vollständiger Harmonie mit deinem Pferd.

Sich auf das Pferd einstellen

Gutes Heimfindevermögen

Unbekanntes mögen Pferde nicht. Sie lieben es, Orte wiederzufinden, an denen sie sich wohl fühlen. Wenn sie ausbrechen, kommen sie meistens zurück. Sie finden den Weg zu ihrem Stall, ihrer Lieblingsweide oder zum Ort ihrer Geburt. Deshalb muß man sich zunächst keine Sorgen machen ...

Achtung! Übertrage deine Denk- und Handlungsweisen nicht auf das Pferd. Der Umgang mit ihm könnte sonst gefährlich für dich werden.

Der Mensch – ein Artgenosse?

Wer mit Pferden umgeht, muß das in einer Weise tun, daß ihn die Tiere als „Leithengst" anerkennen und sich ihm völlig unterordnen.

Mit Peitschenhieben jedoch läßt sich diese Unterordnung nicht erreichen! Der Pferdehalter muß alle einem Tier zumutbaren Forderungen mit größter Geduld, aber ohne Nachgiebigkeit durchsetzen.

Freundschaftliche Bisse

Es kommt vor, daß sich ein Pferd umdreht, um in den Arm oder die Schulter des Menschen zu beißen, der es gerade bürstet. Natürlich darf man das nicht erlauben, denn es kneift manchmal fest zu. Aber man darf es auch nicht zu stark anfahren. Denn es will doch seinen Pfleger nur freundschaftlich beknabbern, so wie es das mit einem anderen Pferd auf der Weide machen würde.

Wenn es frei steht und man versucht, sich von hinten zu nähern, ergreift es die Flucht. Der Mensch ist dann nicht mehr der Mensch, sondern ein Raubtier.

Dieser Mustang hat unermeßliches Vertrauen zu seinem Reiter, wenn er ihn so unter seinem Leib hocken läßt. Versuche nicht, es nachzumachen, wenn du nicht schon sehr lange mit deinem Pferd befreundet bist.

Hals gestreckt, Ohren hoch nach vorn oben gestellt: Mit dieser Ohrenhaltung drückt das Pferd Neugier oder die Absicht zur friedlichen Annäherung aus.

Wundre dich nicht, wenn du dein Pferd ins Wasser führst und es mit einem Vorderhuf im Wasser „planscht“.

Fliehen oder ausschlagen

Bei einer Gefahr, einer echten oder vermeintlichen, ist die erste Reaktion des Pferdes die Flucht. Jede Situation, die ihm verdächtig erscheint, treibt es unwiderstehlich dazu, davonzulaufen, so schnell als möglich. Sogar vor einem Stück Papier, das durch die Luft fliegt. Es untersucht die Gefahr nur, wenn sie außerhalb seiner Reichweite ist. Wenn sie ihm zu nah erscheint, schlägt es aus.

Reagiert es dumm?

Der Fluchtinstinkt ist manchmal so stark, daß er das Pferd zu Reaktionen verleitet, die uns Menschen dumm erscheinen. Wenn es zum Beispiel mit dem Fuß in einem Draht hängenbleibt, versucht es in Panik davonzulaufen. Es zieht und zieht und verletzt sich manchmal das Bein dabei.

Gutes Auge, gute Nase

In der Natur sind Auge und Geruchssinn für das Pferd zwei Hilfsmittel, um Gefahren rechtzeitig wahrzunehmen und sich schnell in Sicherheit zu bringen. Diese Sinne sind beim Pferd viel stärker als beim Menschen entwickelt.

Die seitliche Anordnung der Augen am Kopf des Pferdes gibt den Tieren einen weiten Gesichtskreis.

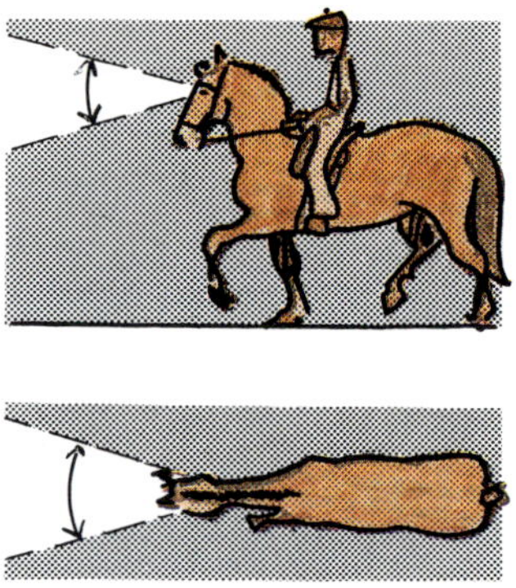

Mit erhobenem Kopf sieht das Pferd alles, was vor ihm geschieht. Es entgeht ihm dann alles, was sich direkt „unter seiner Nase" befindet.

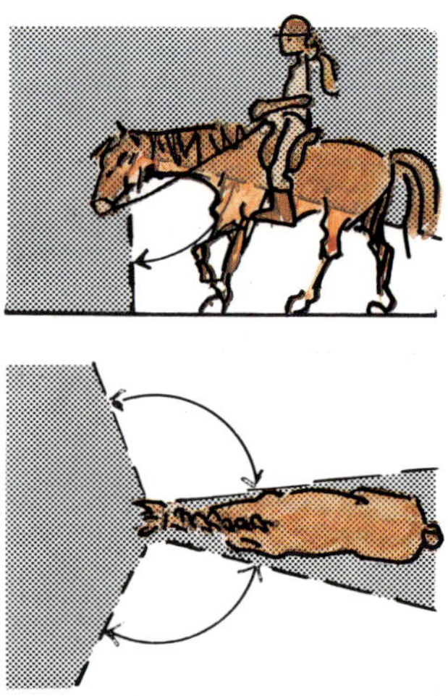

Wenn es den Kopf senkt, sieht es vor allem das, was seitlich und hinter ihm geschieht. Daran mußt du denken, wenn du auf dem Pferd sitzt und eine plötzliche Bewegung machst.

Die Augen seitlich am Kopf

Kein Säugetier hat so große Augen wie das Pferd. Sie sind so angeordnet, daß es fast einen Rundum-Blick hat. Es kann aber nicht beide Augen auf einen Punkt richten, daher sieht es weniger scharf. Gegenstände und auch Menschen erkennt es an der Gestalt.

Am Geruch erkennt man sich

Wie viele andere Tiere hat auch das Pferd einen viel stärkeren Geruchssinn als der Mensch. Es kann den Geruch eines Feindes bei günstigem Wind auf eine Entfernung von mehr als 2 Kilometern wahrnehmen.

Pferde erkennen sich vor allem an ihrem Geruch. Wenn sie sich treffen, beschnuppern sie sich ausführlich, beim Maul angefangen. Willst du dich mit einem Pferd anfreunden, mußt du dich ebenfalls beschnuppern lassen. Dazu legst du den linken Handrücken an die Nüstern des Tieres. Das Pferd merkt sich deinen speziellen Geruch und wird mit dir vertraut.

Schatten und Farben

Lange Zeit glaubte man, Pferde könnten keine Farben erkennen. Experimente haben das Gegenteil bewiesen. Aber einige Farben erkennt es besser, andere schlechter: Grün und Gelb scheinen ihm sehr angenehm zu sein. Bei grellem Rot erregen sich manche Tiere.

Das Auge des Pferdes paßt sich Lichtveränderungen nur langsam an. Deshalb kann es vor einem Schatten oder einem Sonnenfleck auf dem Boden erschrecken und scheuen.

Weiße Perle und schwarze Perle

Können Pferde im Dunkeln sehen? Eine arabische Fabel erzählt dazu folgendes: Ein Pferd und ein Löwe wetteten, wer besser im Dunkeln sehen könne: Der Löwe fand eine weiße Perle in einer Schale Milch, das Pferd erkannte eine schwarze Perle in einem Kohlenhaufen. Es gewann.

Auch wenn du nur wenige Körner Hafer in deine Hand legst, wird sie das Pferd, ohne sie zu sehen, geschickt mit den Lippen aufnehmen. Es erkennt bekömmliches Futter am Geruch!

Dieser junge Appaloosa-Hengst beschnuppert einen neuen Weidegefährten. Sein Geruch ist seine Visitenkarte.

Empfindsamer Tastsinn

Höchst empfindsam ist der Tastsinn eines Pferdes; um das Maul und um die Augen hat es besondere Tasthaare.
Diese einzeln wachsenden Vibrissen werden fingerlang.

Das Innere des Hufes ist von unzähligen kleinen Blutgefäßen durchzogen. Sie werden bei jedem Schritt des Pferdes mit Blut versorgt. Der Fuß ist nämlich elastisch, und der Druck auf das Ballenkissen wirkt wie eine Pumpe.

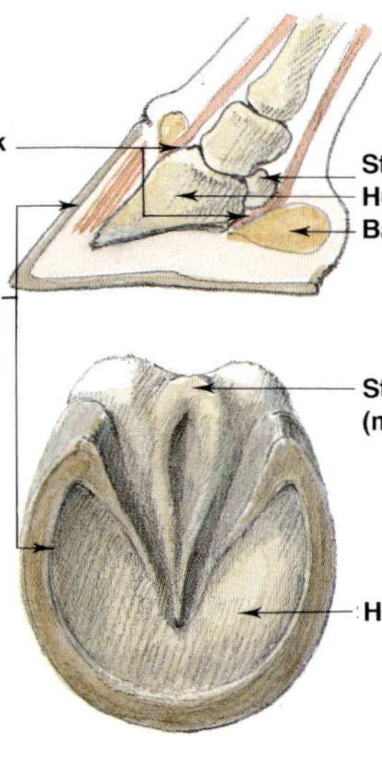

Die Unterseite des Fußes deines Freundes wird dir schnell vertraut werden, denn du mußt sie jedesmal beim Säubern der Hufe untersuchen. Achtung: Wenn du die beiden Seiten des Hufstrahls (die Seitenfurchen) reinigst, mußt du den Hufkratzer von hinten nach vorn führen, sonst könntest du die Ferse verletzen.

Trittsicherheit

Während des Laufens findet das Pferd den sicheren Weg in erster Linie mit Hilfe seiner Füße. Sie sind so empfindlich, daß das Pferd, vor allem, wenn es in Freiheit lebt, genau den Boden untersuchen kann, auf dem es sich bewegt – die Neigung, die Bodenbeschaffenheit ...

So kann es allen Hindernissen aus dem Weg gehen. Je geschickter es dabei ist, um so „trittsicherer“ ist es.

Tasthaare

Die gesamte Hautoberfläche eines Pferdes hat die Funktion eines Sinnesorgans: Über die Haut nimmt das Pferd Kälte, Wärme, Druck und Schmerz wahr. Die besonderen Tasthaare um das Maul helfen dem Tier beispielsweise beim Fressen, Fremdkörper vom Futter zu trennen.

Die Tasthaare um die Augen schützen es vor Verletzungen. Man darf daher die borstigen Tasthaare niemals abschneiden.

Der Geruch entscheidet

Der Geschmackssinn eines Pferdes lehnt im allgemeinen nichts ab, was der Geruchssinn für gut befunden hat. Wenn ein Pferd an ein bestimmtes Wasser gewöhnt ist, lehnt es ihm unangenehm riechendes ab.

Es schätzt Möhren und Zuckerstückchen erst, wenn es sie kennt. Dann wird es manchmal sehr naschhaft.

Giftige Pflanzen

Viele Pflanzen sind für Pferde giftig. Die gefährlichste Pflanze ist die Eibe. Es genügt, wenn das Pferd ein paar kleine Zweige knabbert, um daran zu sterben. Eine Eibe erkennt man an den glänzenden, dunkelgrünen weichen Nadeln und den roten becherförmigen Früchten. Männliche und weibliche Blütenzapfen befinden sich aber auf verschiedenen Pflanzen.

In vielen Gärten und Hecken gibt es Eiben, und viele Dorfplätze liegen im Schatten dieser manchmal sehr alten Bäume. Binde dein Pferd niemals daran fest.

Ein Pferd, das lange Wanderungen gewohnt ist, sucht sich seinen Weg mit den Füßen. Aber auf einem engen Bergpfad ist das Maultier, eine Kreuzung aus Pferd und Esel, am besten geeignet.

Pferde„sprache“ und Ohrenspiel

Hast du schon einmal die Ohren eines Pferdes beobachtet? Was für ein Schauspiel! Ihre Haltung zeigt die Laune und die Stimmung des Pferdes an – traurig, wütend, neugierig oder fröhlich. Es kann seine Ohren in alle Richtungen drehen.

Ein großer Wortschatz

Roy Rodgers war ein Cowboy. Er hatte seinem Pferd beigebracht, ohne Zwang auf vierundfünfzig verschiedene Befehle zu reagieren. Sein Rezept? Das einzig mögliche. Es besteht darin, denselben Befehl kurz und in derselben Stimmlage immer wieder zu wiederholen, wenn man eine bestimmte Bewegung verlangt (wie das Hü und Hott der Kutscher für links und rechts). Das verlangt Zeit und viel Geduld.

Pferde„sprache“

Das Gehör eines Pferdes ist sehr fein. Es nimmt Gefahren wahr ebenso wie die Rufe seiner Gefährten. Jedes Wiehern oder Schnaufen eines Pferdes hat für seine Kameraden eine Bedeutung (Ruf, Warnung, Drohung). Die Pferde „sprechen“ also über Laute miteinander. Vor allem im Wald, wo man sich nicht immer sehen kann.

Auf freiem Feld lassen sich die Pferde nicht aus den Augen und verständigen sich vor allem durch die Körpersprache, also durch bestimmte Gebärden.

Es wiehert. Warum?
Es freut sich, dich zu sehen.
Es verlangt seinen Hafer.
Es ruft seinen Gefährten.
Es möchte nicht von den anderen getrennt sein . . .

Wenn ihr Fohlen im Unterholz verschwindet, wiehert die Mutterstute, um es zurückzurufen.

Mit den Pferden reden

Und der Mensch? Kann er mit den Pferden reden und sich verständlich machen? Ja, aber nicht, indem er die Pferde„sprache" gebraucht, das wäre zu schwierig. Er muß dem Pferd seine eigene beibringen.

Die „Söhne des Windes" sind sehr empfindlich für die Tonlagen. Für sie bedeuten eine sanfte Stimme und sanfte Worte Freundlichkeit und Freundschaft (sie sind wie eine Belohnung). Eine harte und trockene Stimme dagegen ist Zeichen für Unzufriedenheit (und kann wie eine Strafe wirken).

Zwischen Sanftheit und Härte sollte der Pferdefreund aber noch manche Abstufung mit seiner Stimme zum Ausdruck bringen.

Wenn du auf dem Pferd sitzt, beobachte seine Ohren: Sie reden zu dir.
Ohren nach vorn:
Das Pferd lauscht aufmerksam, was geschieht.
Ohren nach hinten:
Das Pferd ist angespannt, verstimmt.
Ohren bewegen sich lebhaft:
Das Pferd zeigt Anteilnahme.
Ohren stehen schräg seitlich, mit Ohrmuscheln nach unten:
Das Pferd zeigt seine Unterlegenheit.

Aus der Freiheit in den Stall

Heute leben die meisten Pferde nicht mehr in freier Wildbahn. Um so mehr brauchen sie unser Verständnis, wenn sie sich in der für sie fremden Welt zurechtfinden sollen.

Der vom Menschen gefangene „Sohn des Windes"

Was empfindet ein Pferd wohl beim Übergang vom Leben in freier Wildbahn zum Leben eines Haustieres?

Als Gefangener lernt es zunächst, den Menschen nicht mehr zu fürchten, ihn nicht mehr als möglichen Räuber anzusehen. Dann entdeckt es die Vorteile des Lebens mit den zweibeinigen Wesen, die es füttern und pflegen. Aber seine Bewegungsfreiheit ist durch Zäune und Stallmauern eingeschränkt.

Schwächender Stall

Die Zähmung des Pferdes hat sein Verhalten und seine Sinnesleistungen nur wenig verändert. Aber manche Tiere verlieren dennoch einen Teil ihrer natürlichen Fähigkeiten. Sie können zum Beispiel weniger trittsicher werden. Wenn sie nur den Stallboden, das Sägemehl der Reithalle, den Sand des Reitplatzes oder den Boden der Trainingsstrecke kennen, achten sie in der Natur weniger auf Hindernisse oder Gräben.

Das Pferd hat einen starken Herdentrieb, es fühlt sich in der Herde geborgen. Wenn auf einer Weide ein beunruhigtes Pferd davongaloppiert, folgen oft alle anderen.

Treu seiner Natur

Wenn es nur noch wenig Platz hat, kann sich unser Pferd nicht mehr von seinen Instinkten leiten lassen. Bei der ersten Warnung zu fliehen ist schwer oder unmöglich. Auch seine Gefährten kann es nicht mehr auswählen. Ist es darüber unglücklich? Schwer zu sagen. Aber anscheinend gewöhnt es sich leicht an seine neuen Lebensbedingungen.

Es kann nicht mehr seinen Instinkten folgen. Sie „schweigen", aber es verliert sie nicht.

Ewige Instinkte

Stell dir vor, Pferde, die sich nicht kennen, begegnen sich auf der Weide. Sofort finden sie zu den Reaktionen ihrer wilden Vorväter zurück.

Sie schließen Bekanntschaft, indem sie sich beschnuppern, schaffen eine Rangordnung, finden Freunde, fliehen oder helfen einander. Sie wachen gemeinsam und bilden sehr schnell eine Herde. So läßt sich auch erklären, daß Pferde, die der menschlichen Obhut entflohen sind, schnell in den Zustand von Wildpferden zurückkehren. Das geschah zum Beispiel bei den amerikanischen Mustangs oder den australischen Brumbies.

Wie leben die Pferde in der Wildnis?

Sie leben in Gruppen verschiedener Größe, mit einem Leithengst für mehrere Stuten und Fohlen. Die männlichen Fohlen werden im Alter von 2 Jahren ausgeschlossen, sobald ihre Hengstinstinkte erwachen. Sie bilden oft eine kleine Bande junger Hengste. Jeder versucht ein paar Stuten zu erobern, indem er die alten Hengste herausfordert.

Auch ein Pferd lernt

In den Zelten der Berber

Die Berber haben eine Leidenschaft für Pferde. Stuten bezeichnen sie sogar als „Töchter". Sie ziehen die Fohlen im Zelt auf, inmitten der Frauen und Kinder. Die Pferde gehören wirklich zur Familie.

Ein Pferd läßt sich nicht einfach satteln oder reiten. Um das zu erreichen, muß man zum Lehrer werden. Ein Lehrer hat zwei Erziehungsmethoden – den Zwang und die Überzeugung. Aber es gibt noch eine dritte – das Lernen von Geburt an beginnen zu lassen.

Die Reitgerte

Erste Methode – die der argentinischen Gauchos und der Cowboys vergangener Zeiten. Sie bestand darin, den Willen des Pferdes zu „brechen". Man fing und sattelte es mit Gewalt. Dann stieg ein guter Reiter auf und lehrte es Gehorsam und Angst vor dem Menschen.

Vorteil dieser Methode: Sie verlangt nur wenig Zeit (manchmal nur wenige Minuten). Aber sie bringt auch große Probleme: Ein mit Gewalt unterworfenes Pferd kann man sich schwer zum Freund machen.

Um ein Pferd zu erziehen, sind Möhren wirksamer als Schläge. Sie sind außerdem gesund und erfrischend – viel besser als Zucker, der für die Zähne des Pferdes ebenso schädlich ist wie für deine.

Sehr wichtig: Eine Möhre sollte immer erst nach der Arbeit als Belohnung gegeben werden.

Verstehen und belohnen

Die zweite Methode besteht darin, dem Pferd Vertrauen einzuflößen. Man beweist ihm, daß es nichts riskiert, wenn es tut, was man von ihm verlangt. Das ist eine Arbeit voller Sanftheit, bei der man sich an das Verständnis des Pferdes wendet. Sie verlangt Zeit und Geduld.

Der Ausbilder muß wie sein Schüler denken und einen „Pferdekopf" haben. Außerdem kiloweise Möhren. Denn jeder Fortschritt, jede gut gelernte Lektion muß belohnt werden. Eine solche Erziehung unterscheidet sich sehr von der mit Gewalt.

Am besten von Geburt an

Die dritte Methode ist ganz einfach und die natürlichste. Ein Fohlen beginnt von Geburt an auf vielfältigste Weise zu lernen. Im Alter von 3 bis 4 Monaten kann man mit der Erziehung beginnen. Man gewöhnt es allmählich daran, sich am ganzen Körper berühren zu lassen, seine Füße zu heben, das Halfter zu tragen, dann eine Decke . . . Schließlich wird es das Pferd ganz natürlich finden, geritten oder eingespannt zu werden.

Und meistens gefällt es ihm auch.

Die Ausbildung eines Pferdes beginnt an der Longe, wo es lernt, der Stimme zu gehorchen. Die lange Peitsche dient nie dazu, das Pferd zu schlagen. Mit ihr bringt man das Pferd zum Laufen, indem man sie in Höhe der Hinterbeine hält.

Geschaffen, um sich zu bewegen

Um alle Reaktionen des Pferdes zu verstehen und um sachgemäß mit ihm umzugehen, mußt du seinen Körperbau kennen. Dabei sind viele Begriffe zu lernen. Aber diese „Lektion" macht trotzdem Spaß.

Immer in Bewegung

Das Pferd ist nicht nur ein schneller Läufer. Bei ihm ist alles Geschwindigkeit – seine Reflexe und sogar seine Art, zu fressen und zu verdauen. Um das festzustellen, muß man sich nur die Pferdeäpfel ansehen: Sie enthalten ganze Grashalme und Körner. Das Pferd erholt sich auch sehr schnell. Es ruht, das heißt, es döst, im Stehen.

Vor-, Mittel- und Hinterhand

Man teilt den Pferdekörper in drei Teile: Vorhand, Mittelhand und Hinterhand. Zur Vorhand zählen Widerrist, Schulter, Brust und Vorderbeine.

Manche Fachleute rechnen auch Kopf und Hals dazu (siehe Bild). Die Mittelhand umfaßt den Rücken, die Lende und die Bauchpartie mit der Flanke. Die Hinterhand, das sind die Hinterbeine und die Kruppe.

An den Proportionen, das heißt den Größen- und Längenverhältnissen eines Pferdes, kann ein Fachmann Schlüsse auf das Leistungsvermögen eines Tieres ziehen.

Beobachte dieses Pferd beim Sprung. Die Hinterbeine spielen die Rolle des Motors, und Kopf und Hals (die „Balancierstange") verändern die Stellung, um das Gleichgewicht zu halten.

Ein Pferd beurteilen – eine schwierige Aufgabe

Die Kopfform und -größe eines Pferdes gilt als ein wichtiges Schönheits- und Leistungsmerkmal. Manche Pferde haben einen Schafs-, Hecht-, Rams-, Keil- oder einen Eselskopf.

Für den Bewegungsablauf eines Tieres sehr entscheidend ist die Stellung des Kopfes zum Hals, der sogenannte Ansatz. Ist er fehlerhaft, kann das die Beweglichkeit eines Tieres sehr beeinträchtigen.

Fehlerhafte Halsformen sind: Schwanen- und Hirschhals sowie der lange und dünne Hals und der kurze und dicke Hals.

Als fehlerhafte Brustformen gelten die Habichtsbrust, bei ihr tritt die vordere Spitze des Brustbeins scharf hervor, außerdem die Hahnenbrust, die Ziegenbrust und die zu breite Löwenbrust.

Ein auffallender Fehler in der Rückenbildung ist der nach oben gewölbte Karpfenrücken.

Die Hinterhand des Pferdes – sein Motor

Wie der Heckantrieb eines Autos ist die Hinterhand eines Pferdes verantwortlich für die Leistungsentfaltung auf den gesamten Körper des Pferdes. Die muskulöse Kruppe hat die Aufgabe, die von der Hinterhand ausgehende Kraft möglichst gut auf die Wirbelsäule zu übertragen.

Deshalb sollte die Kruppe beim Sportpferd lang sein.

Schwere Pferderassen haben eine gespaltene Kruppe.

Das Gleichgewicht halten

Der Schwerpunkt eines stehenden Pferdes liegt nicht in der Mitte des Rückens, sondern näher zu den Vorderbeinen. Beim Halten des Gleichgewichts in der Vorwärtsbewegung spielen Kopf und Hals eine große Rolle, sie bilden die „Balancierstange“, mit der der von der Hinterhand kommende Antrieb ausbalanciert wird.

Wissen, um zu verstehen und wirklich zu helfen

Vielleicht denkst du, es ist unnötig, zu wissen, wie sich ein Pferd bewegt. Dann irrst du dich. Hier ist ein Beweis: Stell dir ein Pferd vor, das bis zum Bauch im Schlamm eingesunken ist. Wenn du ihm helfen willst, herauszukommen, wirst du wahrscheinlich zuerst am Halfter oder an den Zügeln ziehen. Was für ein schlechter Einfall! Denn damit hinderst du es daran, seine eigenen Kräfte zu nutzen. Wie soll man es unterstützen? Man muß es dazu bringen, sich auf die Seite zu legen, damit die Hinterbeine freikommen und es so seine Hinterhand, seinen Motor, einsetzen kann.

Die natürlichen Gangarten

Der Galopp ist eine Folge von Sprüngen. Dieses Pferd befindet sich gerade in der Phase des Schwebens – seine Beine berühren den Boden nicht. Es galoppiert rechts, das heißt, jeder neue Galoppsprung wird mit dem linken Hinterbein eingeleitet.

Der Galopp ist die schnellste natürliche Gangart des Pferdes. Im Mittelgalopp kann jeder Sprung 5,00 bis 5,50 Meter betragen. Pferde bewegen sich aber nicht ständig im Galopp!

Im Schritt

Normalerweise bewegen sich die Pferde im Schritt, er ist die langsamste Gangart. Die Füße werden in regelmäßiger Folge nacheinander angehoben und aufgesetzt: linker Hinterfuß, linker Vorderfuß, rechter Hinterfuß, rechter Vorderfuß.

Da das Pferd seine Füße zeitlich getrennt aufsetzt, sind im Schritt vier Hufschläge mit gleichmäßigen Zwischenpausen zu hören.

Im Trab

Der Trab gehört zu den mittleren Gangarten eines Pferdes, wie Paß und Tölt. Der Rumpf wird nicht wie im Schritt geschoben, sondern geschleudert.

Dabei werden die diagonalen Beinpaare gleichzeitig nach vorne geführt. Das jeweilige Hinterbein federt den Körper so kräftig ab, daß zwischen dem Wechsel der diagonalen Beinpaare im schnellen Trab eine Phase des freien Schwebens folgt.

Beobachte, wie ein Pferd trabt, du wirst sehen – es ist ganz einfach.

Die drei Takte im Rechtsgalopp

linkes Hinterbein

linke Diagonale

rechtes Vorderbein

Im Galopp

Nun kommen wir zum berühmten Galopp, der so viele Träume weckt. Das ist die Gangart der Flucht – eine Dreitakt-Gangart. Das Pferd kann sie in zwei Varianten ausführen, im Rechtsgalopp oder im Linksgalopp.
Beispiel: Rechtsgalopp
Das Pferd stützt sich auf:

1. das linke Hinterbein, wechselt dann
2. auf die linke Diagonale (linkes Vorderbein und rechtes Hinterbein) und schließlich
3. auf das rechte Vorderbein.

Beim Linksgalopp ist die Reihenfolge: rechtes Hinterbein, rechte Diagonale, linkes Vorderbein.

Geschwindigkeit errechnen

Wie schnell läuft das Pferd in den verschiedenen Gangarten? Das ist leicht zu merken. Fang mit der 7 an. Im Schritt beträgt die Geschwindigkeit 7 Kilometer pro Stunde, im Trab 14 Kilometer (7 × 2) und im Galopp 21 Kilometer (7 × 3). Aber es gibt auch schnellere Pferde. Diese Angaben sind nur Durchschnittswerte.

Die ersten direkten Kontakte

Stell dir vor, du machst Ferien auf einem Bauernhof. Laß uns zusammen zur Koppel gehen, um ein Pferd für dich auszusuchen.

Das Halfter eines Pferdes ist so etwas wie das Halsband des Hundes. Sehr früh muß ein Fohlen daran gewöhnt werden. Das Halfter sollte immer sehr sanft über den Kopf des Pferdes gestreift und gut verschnallt werden.

Das Pferd spürt deine Angst

Das ist bewiesen. Ein Pferd ist so empfindsam, daß es die Angst eines Menschen spürt. Nimm dir viel Ruhe und Zeit, jede Furcht zu überwinden, bevor du dich ihm näherst. Anderenfalls könnte es selbst Angst bekommen oder versuchen, dich einzuschüchtern.

Etwas Getreide, Sanftheit, Sicherheit ..., und schon ist das Pferd beruhigt. Wenn man ihm die Hand auf den Hals legen darf, ist die Sache meist schon gewonnen. Nun muß man ihm nur noch das Halfter überstreifen.

Ruhig bleiben

Schon sind wir am Zaun. Du öffnest das Tor. Aber vergiß nicht, es hinter dir wieder zu schließen. Stürze nicht auf das Pferd zu. Wie alle seine Artgenossen ist es Unbekanntem gegenüber sehr mißtrauisch. Damit es nicht überrascht ist, mußt du es zuerst über unsere Ankunft informieren.

Es kennt deine Stimme nicht, aber du kannst es bei seinem Namen rufen. Sieh nur, es klappt. Es lauscht, hört auf zu grasen und wendet den Kopf zu uns.

Selbstsicher sein

Auch wenn es dich zu ihm drängt, du darfst nicht rennen. Alles, was sich zu schnell nähert, erscheint ihm verdächtig, und es bekommt Lust, sich davonzumachen.

Mach einen Umweg, wenn nötig, um dich von der linken Seite zu nähern. Sonst hält es dich für einen Feind und flieht. Geh langsam, aber sicher. Die Pferde mögen zögerliche Menschen nicht.

Geduld und Verführung

Nun bist du bei ihm. Es hat sich nicht gerührt, denn es hat den Eimer entdeckt. Enttäusche es nicht. Gib ihm eine Handvoll Korn (auf der ausgestreckten Hand, damit es nicht beißt). Laß es an dir schnuppern, wenn es will. Jetzt ist es beruhigt, und du kannst eine Liebkosung versuchen. Es lehnt sie ab? Es wendet den Kopf ab? Es macht einen Schritt nach hinten? Mit einer neuen Handvoll Korn wirst du es gewiß für dich gewinnen.

Es ist soweit, es nimmt eine Leckerei und läßt sich dein Kraulen unter der Mähne gefallen. Besser noch. Es verlangt mehr. Schon bist du sein Freund.

Halfter und Führstrick

Sich einem Pferd zu nähern ist eine Sache. Es zu führen eine andere. Aber auch nicht schwerer. Man muß sich nur richtig verhalten.

Ein paar Tricks

Man nähert sich dem Pferd von der gewohnten Seite, das heißt von der linken – immer vom Schweif aus gesehen.

Den Führstrick legt man um den Hals, und das Halfter streift man über den Kopf. Dieser junge Reiter steht zu weit vorn und auf der falschen Seite (Foto in der Mitte).

Halfter und Führstrick sind für das Pferd fast dasselbe wie für den Hund Halsband und Leine. Ein kleiner Trick, um dem Pferd sein erstes Geschirr anzulegen: Bevor du das Halfter über seinen Kopf streifst, legst du den Führstrick sanft um seinen Hals. Bei dieser Berührung spürt das Pferd oft schon, daß es nicht mehr fliehen kann, und senkt den Kopf von selbst. Es ist widerspenstig? Es läßt sich das Halfter nicht anlegen?

Hier ist ein anderer Trick, um es zu überlisten: Stell den Eimer auf die Erde und halte das Halfter bereit.

Das Naschmaul wird sogleich die Nase hineinstecken.

Nun kannst du das Halfter festschnallen, ohne dich auf die Zehenspitzen stellen zu müssen.

Aber würde es dir gefallen, wenn man dir einen Lederriemen über Augen und Ohren streift? Sicher nicht. Das Pferd mag solche Berührungen ebensowenig. Gib acht, wenn du seinen Kopf „ankleidest“. Es könnte aufbegehren und erst einmal davonlaufen.

Vorsichtsmaßnahmen

Nun hast du das Pferd an der Hand. Du läufst los, und es folgt dir. Halte den Führstrick von seinem Kinn entfernt, damit du einen guten Halt hast, wenn es zu ziehen beginnt (der Führstrick ist nicht die Leine eines kleinen Hundes, die man mit den Fingerspitzen hält).

Du weißt, daß ein Pferd sehr empfindlich ist – ein Geräusch, eine plötzliche Bewegung, schon bleibt es stehen oder versucht zu entfliehen. Paß auf, daß du den Führstrick nicht um deine Finger wickelst. Wenn das Pferd zu ziehen beginnt, könnte das schmerzhaft für dich werden.

Ein wahres Vergnügen

Das erscheint dir alles schwierig? Eigentlich nicht. Sei beruhigt: Mit einem Pferd, das du kennst, gut erzogen und gut behandelt hast, ist es sehr einfach. Vor allem, wenn du nicht nur auf die Weide kommst, um es zu stören, sondern arbeiten zu lassen. Das Halfter anzulegen ist sehr einfach. Vor allem, wenn du mit dem Anlegen des Halfters ein paar Leckereien und Liebkosungen verbindest. Dann genügt es, das Pferd zu rufen und ihm das Halfter zu zeigen, und es steckt von selbst den Kopf hinein. Aber bleib immer vorsichtig, denn ein Pferd ist unberechenbar.

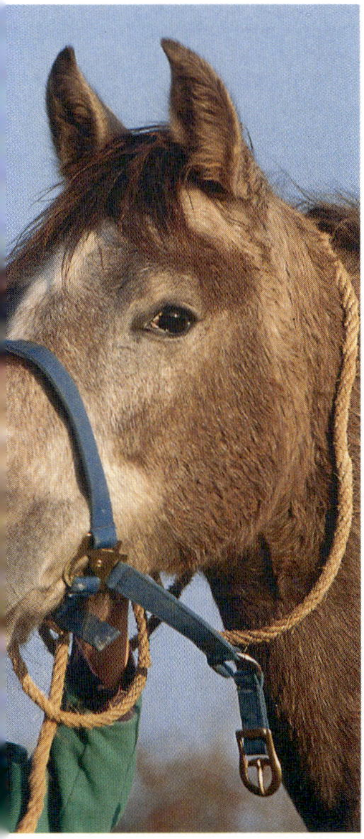

Das Pferd hat das Überstreifen des Halfters ruhig ertragen. Es wird gelobt und erhält eine Möhre.

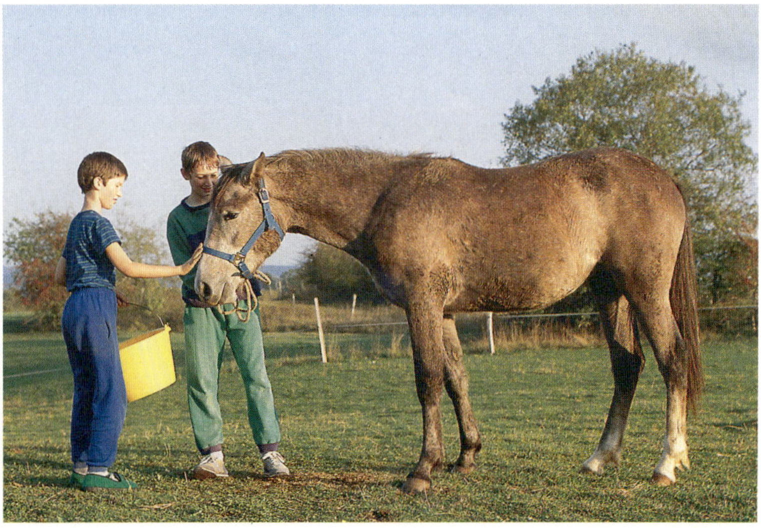

In den Ställen

Diese achtzinkige Forke ist dazu da, die Pferdeäpfel aufzusammeln, vor allem von Sägemehl oder Holzspänen. Für die Strohschütte oder um den Mist wegzutragen, benutzt man eine vierzinkige Forke.

Um die tägliche Ration Getreide abzumessen, nimmt man ein Maß von 1 oder 2 Litern.

Im Stall werden die Pferde auf zwei verschiedene Arten gehalten – im Ständer oder in der Box. Natürlich können sie dort nicht dieselben Reaktionen zeigen wie auf der Weide. Du mußt dich ihnen auch anders nähern.

Ständer oder Box?

Pferde werden meist in Großställen gehalten. Durch die Mitte des Stalles führt ein 2 Meter breiter Futtergang, rechts und links davon befinden sich die Boxen oder Ständer.

In einer Box können sich die Tiere frei bewegen.

Im Ständer dagegen sind sie nur durch Flankierbäume (Stangen) oder Wände getrennt. Die Pferde stehen vor ihren Futterkrippen an Ketten festgemacht. Das entspricht nicht ihrem natürlichen Bewegungsdrang!

In diesem schönen Stall hat jedes Pferd seine Box – sein eigenes Zimmer –, und es kann seine Gefährten sehen.

Fehlender Platz

Die Enge von Boxen oder gar Ständern wirkt sich negativ auf das Verhalten von Pferden aus – man muß den Tieren deshalb viel Gelegenheit zur ungehinderten Bewegung geben. Ein Sandplatz als Auslauf gehört zu jedem Stall.

Fohlen sollten in einem Laufstall aufwachsen.

Dem Tier Vertrauen einflößen

Wenn du dich dem Pferd näherst, auf der Weide wie im Stall, mußt du es zuerst über deine Ankunft informieren. Sprich mit beruhigender Stimme.

Wenn es in der Box ist, warte mit dem Öffnen der Tür, bis es dir den Kopf zuwendet. Gib ihm dann etwas zu naschen und streichle es – flöße ihm Vertrauen ein. Etwas anderes braucht es nicht. Da es jederzeit Lust hat, sich zu bewegen, wirst du keine Schwierigkeiten haben, ihm das Halfter anzulegen.

Wenn es in einem Ständer ist, streichle seine Kruppe und sprich mit ihm, während du dich an seiner Seite hältst. Dann geh zum Kopf. Bevor du es losbindest, mußt du dich vergewissern, daß es ruhig ist und sich für dich interessiert. Wenn nicht, kann es plötzlich zurückweichen oder eine Kehrtwendung machen. Aber Pferde sind immer freundlich zu denen, die auch freundlich zu ihnen sind.

Haferration und mahlende Kiefer

Den Pferden im Stall ihre Haferration zu geben ist ein Vergnügen. Sobald sie die Körner in die Eimer fallen hören, beginnen sie unruhig zu werden. Schenke ihrer Ungeduld keine Aufmerksamkeit. Schütte den Hafer oder die Gerste ruhig in die Futterkrippe und freue dich an den friedlich mahlenden Kiefern.

Körperpflege – freundschaftliche Kontakte

Wenn man den Schweif eines Pferdes bürstet, um ihn zu entwirren und die Strohhalme zu entfernen (Stroh im Schweif ist eine Schande für den Reiter in der Reithalle oder im Freien), benutzt man die Kardätsche.
Um den Schweif schön zu machen, das heißt, die Haare zu ordnen, nimmt man einen Kamm.

Bevor du mit deinem Pferd ausreitest, mußt du es sorgfältig putzen. Wozu das gut ist? Zunächst, weil das Fell Pflege benötigt, dann, weil es dem Pferd Vergnügen bereitet, und außerdem, weil es dir Spaß macht, dich mit dem Pferd zu beschäftigen.

Natürliche Körperpflege

In der freien Wildbahn pflegt sich das Pferd mit den Mitteln, die ihm zur Verfügung stehen: Es scheuert sich an Bäumen und wälzt sich am Boden. So befreit es seine Haut von toten Zellen und sein Fell von losen Haaren, von Halmen und Staub. Diese Reinigung ist wichtig für sein Wohlbefinden. Bei deinem Pferd mußt du die Pflege übernehmen. Aber du hast Hilfsmittel dafür.

Diese Pflegeutensilien findet man in jedem Stall: Striegel (hellbau und orange), Kardätsche (schwarz), die weiche Bürste (dunkelblau) und den Kamm.

Diesen Hengst hat man zum Putzen aus seiner Box geführt. So fallen Schmutz und Haare nicht auf das Stroh, das ihm als Lager, aber auch als Futter dient.

Täglich einmal putzen

Was braucht man für die Pferdepflege?
In der Reihenfolge: eine Kardätsche, eine einfache harte Bürste; eine weiche Bürste; einen Striegel, das ist ein Kratzer aus Metall oder Plastik, mehr oder weniger hart; einen Lappen aus rauhem Stoff (wie ein altes Frotteetuch); einen Schwamm; einen Mähnenkamm und einen Hufkratzer.

Mit diesen Instrumenten reinigst du zunächst die Haut und das Haarkleid des Pferdes: Du verschaffst ihm damit das angenehme Gefühl, das es sich in der Natur selber sucht. Dann machst du es schön. Es sollte dein Stolz sein, dein Pferd von seiner besten Seite zu zeigen.

Nutze das Putzen auch, um das Pferd aufmerksam zu untersuchen und dich zu vergewissern, daß es keine Verletzungen oder Parasiten, zum Beispiel Zecken, hat.

Putzen, das ist die Ganzkörperpflege des Pferdes.

Gute Gelegenheit, es zu beobachten

Ein Pferd zu putzen ist die beste Art, es kennenzulernen.
Das ist die Gelegenheit, seinen Körper zu entdecken und zu sehen, wie es reagiert. Das ist zweifellos das wichtigste. Wenn du Pferde wirklich liebst, wird dir auch das Pflegen Spaß machen.

Die Staubsauger-reinigung

Nein, das ist kein Scherz. In vielen Ställen gibt es einen Staubsauger, um die Pferde zu putzen. Am Ende des elastischen Schlauches befindet sich eine besondere Bürste. Staub und Haare werden damit nach und nach vom Pferdekörper abgesaugt. Manche Pferde gewöhnen sich an das merkwürdige Geräusch, andere nie.

Wieviel wert ist das Putzen?

Die sorgfältige Körperpflege ist so gut für die Gesundheit des Pferdes, daß man sagt: „Gutes Putzen ist eine Haferration wert.“ Es läßt die Haut atmen, das Fell glänzen und dient zur Entspannung.

Mit Kardätsche und Striegel

Eine enge Bindung

Wenn man ein Pferd pflegt, tut man ihm etwas Gutes. Das weiß es zu schätzen. Putzen ist keine Bürde, sondern ein Weg, freundschaftliche Bande zum Pferd zu knüpfen.

Man muß die Hufe des Pferdes vor der Arbeit reinigen, um den Mist zu entfernen, der sich auf der Hufsohle angesammelt hat, und nach der Arbeit, um zu kontrollieren, daß sich kein Kieselstein in den Strahlfurchen festgesetzt hat. Jedesmal wirft man auch einen Blick auf die Hufeisen.

Jetzt wirst du das Pferd anbinden und putzen – sorgsam und in Ruhe. Man muß es sehr aufmerksam behandeln, damit es ihm Freude bereitet.

Das Putzen

Am Hals beginnend über Brust, Rücken, Bauch, Kruppe und Gliedmaßen glättest du das Fell des Pferdes mit der Kardätsche, die du in der linken Hand hältst. Ist sie voller Staub und Haare, streichst du sie auf dem in deiner rechten Hand befindlichen Striegel ab und klopfst ihn aus. Die Striche sollten stets leicht geführt und lang sein – immer in Richtung des Haarstrichs.

Mit der Kardätsche entfernst du den groben Schmutz aus dem Fell deines Pferdes. Anschließend kannst du noch einen weichen Lappen verwenden.

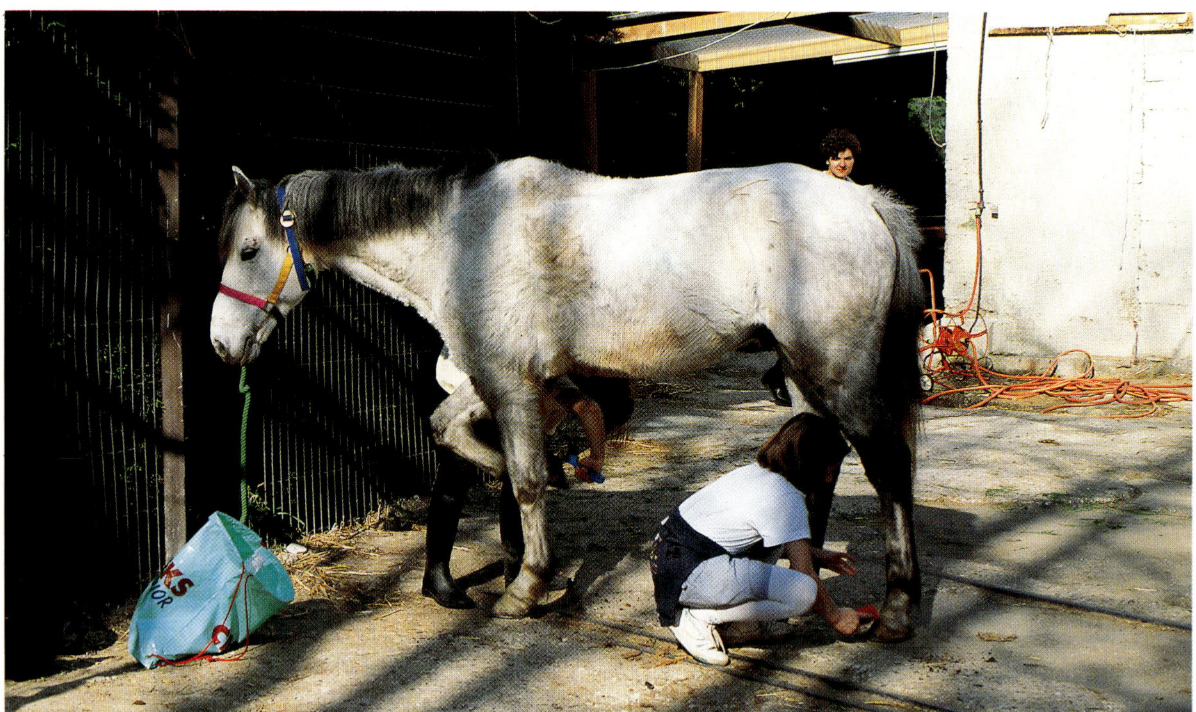

Schwamm, Mähnenkamm und Hufkratzer

Nun kommen wir zu den Nüstern, Augenlidern und dem After. Sie werden mit einem feuchten Schwamm und Lappen gesäubert.

Mit dem Mähnenkamm ordnest du den Schweif, die Mähne und den Stirnschopf.

Es bleiben nur noch die Füße, die du nacheinander hochhebst. Mit dem Hufkratzer entfernst du Erde, Steine oder Stroh von der Hufsohle und aus den Strahlfurchen.

Wenn das Pferd beschlagen ist, hast du jetzt eine gute Gelegenheit, den Halt der Eisen zu überprüfen.

Zusammenklappbarer Taschen-Hufkratzer

Bevor man das Schweißmesser benutzt, um nach einer Dusche das Wasser abzustreifen oder den Schweiß nach einer harten Arbeit, sollte man es besser dem Pferd zeigen. Wenn es daran geschnuppert hat, wird es die Berührung leichter ertragen. Ein Strohwisch tut es eventuell auch.

Unter der Dusche

Wenn es sehr heiß ist, kann das Pferd, das von der Arbeit zurückkommt, geduscht werden. Aber Vorsicht! Stelle es zunächst unter den Strahl und bürste es ab. Dann trocknest du es mit dem Schweißmesser ab.

Achte darauf, daß es danach nicht in der Zugluft steht. Auch Pferde können sich erkälten.

Die Schönheitspflege

Das Hilfsmittel zur Pflege von Mähne und Schweif ist der Mähnenkamm. Durch das Verziehen korrigiert man die Länge der Haare. Die Mähne sollte eine Handbreit lang, möglichst dünn und einseitig fallend sein. Der gepflegte Schweif reicht eine Handbreit unter das Sprunggelenk. Das Zöpfeflechten in Mähne und Schweif ist eine wahre Kunst.
Wie viele Reiter wirst du das Langhaar deines Pferdes vielleicht lieber unfrisiert lassen.

Im Sattel

Früher war das Reiten für die meisten Menschen eine Notwendigkeit. Niemand nahm Reitunterricht. Sich im Sattel zu halten ist also einfach, sich jedoch gut im Sattel zu halten weitaus schwerer. Der eine hat mehr, der andere weniger Begabung, gut zu reiten. Doch jede Fähigkeit kann man entwickeln und fördern.

Das ist eine Frage der Lust und des Willens.

Reiten gestern und heute

Der Zentaur

Wer mag in längst vergangenen Zeiten dieses märchenhafte Wesen mit menschlichem Oberkörper und dem Leib eines Pferdes erdacht haben? Vielleicht Menschen, die von der ersten Begegnung mit einem Reiter beeindruckt waren. Ohne Zaum schienen Mensch und Tier ein einziges Geschöpf zu sein – ein Geschöpf, das zur Legende wurde.

Freunde der Indianer

Du kennst die Geschichte der Indianer in Nordamerika. Sie haben das Pferd erst vor rund 300 Jahren kennengelernt und sind schnell hervorragende Reiter geworden – nur mit einer Satteldecke, ohne Steigbügel. Sie lenkten ihre Pferde mit einem einfachen Lederriemen, der um den Unterkiefer des Pferdes geschlungen wurde. So jagten sie die Büffel und galoppierten inmitten der Herden. Um diese großen Tiere mit einem Lanzenstich zu erlegen, mußten sie ihnen sehr nahe kommen. Indianer und Pferde mußten deshalb sehr vertraut miteinander sein.

Zunächst jagte der Mensch das Pferd, um es zu essen. Vor etwa 5 000 Jahren hat er es zum Haustier gemacht, um leichter an seine Milch und sein Fleisch zu gelangen. Dann hat er es eingespannt, wie man es damals mit den Ochsen machte. Die Erfindung des Reitens ist etwa 3 500 Jahre alt. Das war der Anfang einer wunderbaren Geschichte.

Der erste Reiter der Welt

Wer war der erste Mensch, der auf ein Pferd gestiegen ist? Es bleibt ein Geheimnis. Wo hatte er diese Idee? Irgendwo in den riesigen Steppen Asiens.

Wie hat sich dieser Unbekannte verhalten, damit das Pferd ihn auf seinem Rücken trug? Noch ein Fragezeichen. Aber leicht kann man sich die Umstände vorstellen, die aus ihm den ersten Reiter der Welt gemacht haben.

Eine geheimnisvolle Erfindung . . .

Ganz sicher diente das Pferd zuerst als Packpferd und dann als Reittier. Vielleicht hat sich der Mensch hinter die Lasten auf die Kruppe des Pferdes gesetzt. So reiten noch heute die Eseltreiber in Nordafrika.

Saß er auf einem besonders zahmen Tier, oder war es verwundet, unfähig, sich zu verteidigen? Hat er ein Fohlen allmählich daran gewöhnt, seine Last zu tragen? Nichts davon weiß man.

. . . die den Lauf der Welt verändert hat

Der „Erfinder“ des Reitens hat ganz sicher die Menschheitsgeschichte sehr stark beeinflußt. Ohne ihn hätte sich die Welt gewiß anders entwickelt.

Kein Dschingis-Khan, kein Attila, keine arabischen Eroberungen auf dem Rücken von Pferden, keine Kavallerie in der Napoleonischen Armee und keine Cowboys, keine Gauchos und keine Viehhirten der Camargue . . .

Ohne Sattel, nichts als das Pferd

Gutenberg erfand die Buchdruckerei. Aber er hat nicht die Maschine erfunden, die heute tausend Zeitungen in der Minute druckt.

Ebenso hat der erste Reiter das Reiten erfunden. Aber es hat sich nur langsam entwickelt und wurde erst im Laufe der Zeit zu einer wahren Kunst.

Erziehung – eine gute Methode

Die ersten Reiter ritten ohne Sattel, ja sogar ohne Gebiß oder Zaumzeug. Aber wie lenkten sie ihre Pferde? Um das Fehlen des Zaumzeugs auszugleichen, wurden die Tiere vielleicht sehr sorgsam erzogen. Sie machten das Pferd zu einem Freund, der jede Bewegung verstand, jeden ihrer Wünsche ausführte.

Ist das ein Traum? Ja, aber nicht unmöglich. Der Beweis: Die Parther ritten ihre Pferde mit dem Gesicht zur Kruppe.

Auf vier Beinen – ein anderes Leben

Nach Aussagen der Archäologen genügten wenige Generationen, damit ganze Völker zu Reitern wurden. Das zeigt, wie sehr das Reiten das Leben der Menschen veränderte. „Auf vier Beinen“ kamen sie viel schneller voran und konnten größere Entfernungen zurücklegen. Sie jagten besser und kämpften erfolgreicher.

Pegasus, das geflügelte Pferd

Das Pferd ist vor allem schnell. Das Pferd eines Gottes ist noch schneller. In der griechischen Mythologie ist Pegasus das göttliche Flügelroß des Bellerophon (Sohn des Poseidon). Als Himmelspferd wurde es auch zu einem Sternbild, unerreichbar für die Menschen.

Es ist aber auch das „Musenroß“ der Dichter.

Bevor es das Zaumzeug gab

Wenn er sein Pferd gut kennt, kann ein guter Reiter nur mit einem einfachen Halfter reiten. Dieses sehr seltene weiße Vollblutpferd läßt sich so über ein Hindernis führen. Was für ein Schauspiel!

Bis es den Menschen gelang, Pferde vielseitig zu nutzen und die Tiere in jeder Situation zu lenken, mußten sie noch viele Erfindungen machen. Sie erfanden den Zaum – zunächst war das nur ein um den Unterkiefer geschlungener Strick, dann das Gebiß, den Reitsattel und den Steigbügel.

Seltsame Lösungen

Der Steigbügel ist eine Stütze. Nicht einfach, ohne ihn auf das Pferd zu gelangen. Früher griffen die Reiter in die Mähne des Pferdes und schwangen sich auf seinen Rücken. Andere fanden weniger sportliche Lösungen. Manche halfen sich gegenseitig. Wieder andere benutzten die sogenannte „persische" Methode: Sie hielten sich mit einer Hand in der Mähne fest, mit der anderen stützten sie sich auf die in den Boden gebohrte Lanze.

Schließlich gab es noch jene, die ihrem Pferd beibrachten, sich hinabzubeugen. Wenn der Reiter aufsteigen wollte, knickte das Pferd die Hinterbeine ein und ließ den Reiter auf diese Weise leicht auf den Rücken steigen.

Wenn es das Maul weit öffnet, um zu gähnen, so öffnet das Pferd es oft nicht von selbst, um das Gebiß aufzunehmen.

Die „Bremsleine"

Die Numiden sollen den ersten Zaum erfunden haben – eine einfache geknotete Schlaufe. Sie legten sie dem Pferd um den Hals und zogen daran, um das Tier zu leiten. Diese Methode war einfach, aber barbarisch.

Die Numiden verstanden es nicht, sich das Pferd zum Freund zu machen, sie wußten nicht, wie man es mit der Stimme oder den Bewegungen lenken konnte. Um dem Pferd die Richtungsänderung anzuzeigen, nahmen sie eine Gerte. Sie bedrohten es am Kopf, von rechts, wenn es linksherum laufen sollte, und umgekehrt.

Das Reiten im Laufe der Jahrhunderte

Du siehst, die Numiden waren im Umgang mit Pferden weniger sanft als die Parther. Nach unseren Maßstäben auch weniger sympathisch. Im Laufe der Geschichte erlebte man eine Vielzahl von Fortschritten, aber auch Rückentwicklungen im Verständnis und der Nutzung des Pferdes. Zweifellos deshalb, weil die Menschen nicht immer versucht haben, wie das Pferd zu denken.

Das Pony auf dem Foto trägt ein Nylonhalfter. Halfter aus diesem Material brauchen weniger Pflege als solche aus Leder.

Große Erfindungen

Von der Lederschlaufe zum Steigbügel

Die Geschichte des Steigbügels beginnt wohl im 4. Jahrhundert in Indien. Dort steckten die barfüßigen Reiter zur Unterstützung ihrer Füße die großen Zehen in am Sattel befestigte Lederschlaufen. Diese Erfindung verbreitete sich bald nach China. Im 6. Jahrhundert benutzten die Awaren, ein Steppenvolk, bereits Steigbügel aus Eisen. Nach diesem Vorbild wurden später alle Steigbügel angefertigt.

Um das Gebiß anzulegen, muß man das Maul des Pferdes öffnen, indem man einen Finger zwischen die sogenannte Kinnlade schiebt, wo sich keine Zähne befinden.

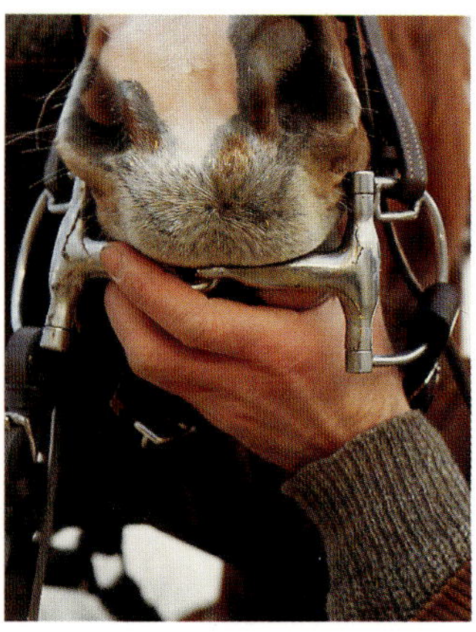

Gebiß und Sattel, vor allem Steigbügel erlauben es, ohne Probleme auf das Pferd zu gelangen und es zu lenken. Es sind wichtige Erfindungen und Hilfen für den Reiter. Ihre Geschichte reicht weit zurück.

Vom scharfen Gebiß zum sanften Gebiß

Die Menschen haben sehr bald das Gebiß erfunden, um die Pferde besser lenken zu können. An den ersten Modellen aus Horn, Bronze oder Eisen gab es oft Ringe oder spitze Teile.

Solche scharfen Gebisse waren regelrechte Marterwerkzeuge für die Tiere. Es dauerte lange, bis sich weniger schmerzhafte Gebisse durchgesetzt hatten.

Vor dem Sattel

Auch der Sattel hat eine lange Geschichte. Wahrscheinlich schon sehr früh haben die Reiter eine Decke oder ein Fell auf den Pferderücken gelegt und festgebunden.

Später wurden Reitkissen benutzt. Der Sattel ist wohl erst seit dem 1. Jahrhundert vor Christus bekannt.

Der Steigbügel – was für eine Erfindung!

Der Steigbügel vervollkommnete das Reiten. Dieses Hilfsmittel gibt dem Reiter hervorragenden Halt. Er erlaubt ihm, sich zur Seite zu beugen, ohne herabzugleiten, oder auch bei einem plötzlichen Stopp, einer jähen Bewegung des Pferdes im Sattel zu bleiben.

Für die Ritter mit ihrer schweren Rüstung waren Steigbügel besonders wichtig. Denn wie hätten sie sonst im Kampf dem Stoß einer Lanze widerstehen können?

Mit 4 Jahren ist diese Reiterin noch sehr jung. Mit ihrem amerikanischen Sattel kann sie das Pferd ihres Vaters, eines Cowboys, reiten.

Die „Kleider“ unserer Pferde

Wenn du das Geschäft eines Sattlers betrittst, wirst du vielleicht erstaunt sein, wie viele verschiedene Sättel es gibt, den Vielseitigkeits-, Renn-, Spring-, Turnier-, Dressur- und Westernsattel und den Damensattel.

Spezielle Ausrüstungen

Du wirst nicht im Badeanzug Ski laufen. Du gehst nicht im Skianzug zum Angeln. Und du legst auch nicht irgendeinen Sattel auf das Pferd. Es hängt davon ab, was du mit ihm vorhast. Der Jockey braucht einen kleinen und leichten Sattel. Der Cowboy benutzt einen anderen, der groß und schwer ist. Denn der Sattelknauf muß der Kraft widerstehen, mit der ein Kalb an dem Lasso zieht, das an ihm festgebunden ist. Jedem seinen Beruf – jedem seinen Sattel.

Auswahl nicht nur nach dem Geschmack

Die Wahl des Sattels hängt natürlich auch von deinem Geschmack ab. Aber man muß bei der Verführung durch das eine oder andere Modell vorsichtig sein. Oft werden Sättel durch die Mode beeinflußt. Ein Sattel muß vor allem dem Pferd entsprechen, dann dem Reiter und wie er das Pferd nutzen will.

Wozu dient der Sattel?

Der Sattel ist nicht einfach nur der Sitz des Reiters. Er dient vor allem dazu, die Wirbelsäule des Pferdes von der Körpermasse des Reiters zu entlasten. Außerdem ermöglicht der Sattel dem Reiter einen sicheren und festeren Sitz und eine feinere Hilfegebung.

Englischer Sattel und Armeesattel

Der englische Sattel ist der bekannteste. Es gibt sehr viele verschiedene Modelle. Er wurde im vergangenen Jahrhundert für das Hindernisspringen erfunden.
Die verschiedenen Armeesättel wurden von den Reiterformationen der Armee im vorigen Jahrhundert genutzt, an ihnen konnte man viel Gepäck anhängen.

Je nach Pferd und Landschaft

Manche Sättel werden für einen bestimmten Pferdetyp gebaut, zum Beispiel die Cowboysättel. Sie sind für Tiere ohne höheren Widerrist gemacht, würden also Pferden mit hohem Widerrist Schmerzen zufügen. Oft bedenkt man auch eine Landschaft. Sättel, mit denen in den Ebenen geritten wird, sind in den Bergen nicht immer angebracht.

Der englische Sattel – universell einsetzbar?

Heute wird der englische Sattel überall in der Welt benutzt. Aber nicht nur für das Springen. Schwer zu verstehen, denn er ist kaum an die Besonderheiten anderer Nutzungsarten angepaßt.

Für große Ausflüge zum Beispiel bietet er keine Möglichkeiten, Gepäck anzubringen (Taschen, Trinkflaschen, Schlafsäcke). Dieser Sattel verdankt seinen Erfolg vor allem der Mode.

Der Armeesattel – ein „Gepäck"sattel

Das ist oder besser war der Sattel der Soldaten. Denn heutzutage gibt es beim Militär keine Dragoner, Kürassiere und Husaren mehr.

Bis zum Beginn unseres Jahrhunderts gab es viele verschiedene Armeesättel. Sie mußten so gebaut sein, daß das Pferd seinen Reiter, das Gepäck und die Waffen tragen konnte. Das waren manchmal mehr als 120 Kilogramm.

Solch ein Sattel wäre also auch für das Wanderreiten geeignet.

An ihm kann man nämlich viel Gepäck festmachen. Er hat Taschen am Hinterzwiesel und Halteriemen an beiden Seiten des Sattelknaufs. Das ist ein Sattel für Reisende.

Vorderzeug und Schweifriemen

Wenn du bergauf reitest, kann der Sattel nach hinten rutschen, reitest du bergab, rutscht er nach vorn. Das ist weder für dich noch für das Reitpferd angenehm. Um solche Probleme zu vermeiden, kannst du ein Vorderzeug vorn und den Schweifriemen hinten benutzen. Diese Hilfsmittel sind mehr oder weniger wichtig, je nachdem, was für einen Sattel du hast und wie dein Pferd gebaut ist.

An diesem englischen Sattel gibt es Seitenblätter, deren Vorderseite aus Wildleder ist, damit das Knie beim Sprung einen besseren Halt hat. Die Steigbügel sind korrekt hochgezogen.

Auf großen Ausflügen benutzen die Reiter einen Armeesattel, einen amerikanischen Sattel oder einen Vielseitigkeitssattel. Auch englische Sättel sind möglich, obwohl sie nur wenig Platz für Gepäck bieten.

Der Westernsattel – Sattel der Cowboys

**Man nennt ihn den amerikanischen oder Westernsattel: Er ist der Sattel der Cowboys, die täglich viele Stunden auf dem Rücken eines Pferdes zubringen müssen.
Von Westernsätteln gibt es zahllose Modelle.**

Viele Vorteile und ein Nachteil

Der Westernsattel ist dafür geeignet, das Vieh zu treiben und weite Strecken zu Pferde zurückzulegen. Er hat einen hohen, kräftigen Sattelknauf, an dem das Lasso befestigt werden kann.

Bei langen Reisen ist außerdem die große und tiefe Sitzfläche für den Reiter sehr bequem. Darüber hinaus hat er breite Steigbügelriemen und Schweißblätter, die das Bein des Reiters vor der Körperwärme und dem Schweiß des Pferdes schützen; verschiedene Riemen erlauben die Unterbringung vieler Gepäckstücke. Westernsättel haben jedoch kein Unterpolster, deshalb gehört unter diesen Sattel immer eine dicke Decke. Diese Decke benutzt der Cowboy nachts als Schlafdecke. Westernsättel sind jedoch immer schwerer als europäische Sättel.

Beim „Calf roping" – aus der Arbeit auf der Ranch hervorgegangen – springt der Reiter bei voller Geschwindigkeit vom Pferd, um das mit dem Lasso gefangene Kalb umzuwerfen und zu fesseln. Der Sattel wird durch Vorderzeug und einen doppelten Sattelgurt befestigt, denn er muß den Ruck des Kalbes aushalten.

Die Lederpflege

Fast alle Teile des Zaumzeugs bestehen aus Leder. Das ist ein edles und natürliches Material und ziemlich teuer. Es muß gut gepflegt werden, sonst machen Pferdeschweiß, Regen und Hitze das Leder allmählich hart. Harte Lederteile scheuern die Pferdehaut wund und verursachen Schmerzen. Deshalb muß man es regelmäßig reinigen und einfetten, um zu verhindern, daß es trocken und rissig wird. Stark verschmutzte Lederteile werden mit Glyzerinseife gereinigt. Nach dem Trocknen reibt man sie mit Sattelfett ein, möglichst mehrmals, damit das Fett tief in das Leder einzieht. Sicher ist diese Pflege eine aufwendige Arbeit. Aber das Resultat entschädigt für die Mühe. Du ziehst doch auch gern ein frisch gewaschenes Hemd an, ebenso mag das Pferd sauberes und weiches Leder.

Verschiedene Gebisse

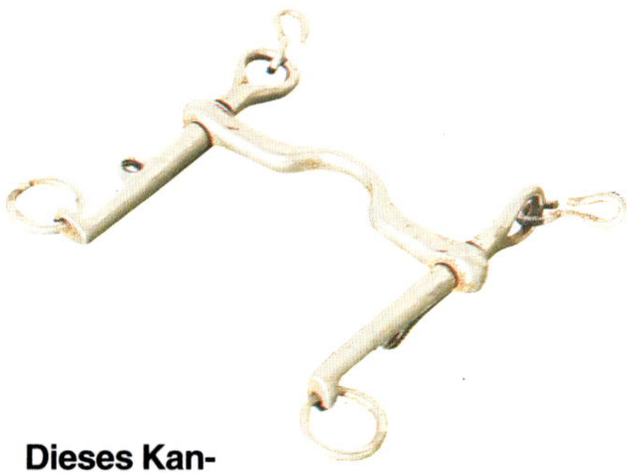

**Zwischen den Schneide- und den Backenzähnen haben Pferde eine breite Zahnlücke, die Kinnladen. In die Lücke des Unterkiefers wird das Mundstück des Gebisses gelegt.
Es gibt aber auch gebißlose Zäumungen.**

Dieses Kandarengebiß mit nach oben gebogenem Mundstück gibt dem Pferd viel Zungenfreiheit. Es erlaubt ihm, die Zunge bequem unter das Gebiß zu legen. Oben: zwei Haken für die Kinnkette. Unter der Mundstange: die Ringlöcher für den Kinnkettenriemen. Unten: zwei Ringe, um die Zügel zu befestigen.

Zwei Grundtypen – viele Varianten

Es gibt eine Vielzahl von Gebissen. Man unterscheidet im allgemeinen zwischen Gebissen, die das Pferd zwingen, den Kopf zu heben, wenn der Reiter an den Zügeln zieht, und denen, die den Kopf herunterziehen.

Trensen- und Kandarengebiß mit Kinnkette sind die wichtigsten.

Pelham mit gebrochenem Mundstück. Das ist ein sehr hartes Mundstück, vor allem für Maulesel: Es darf nur in die Hand eines sicheren und gefühlvollen Reiters gegeben werden.

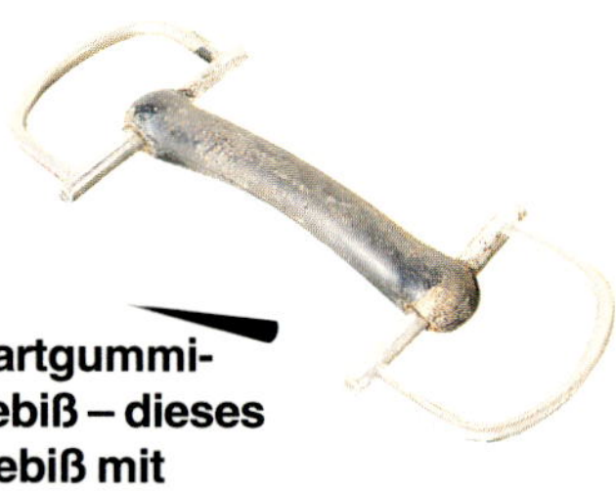

Die D-förmige Renntrense hat ihren Namen nach den D-förmigen Ringen zur Befestigung der Zügel, die das Gebiß daran hindern, aus dem Pferdemaul zu gleiten.

Hartgummigebiß – dieses Gebiß mit geradem Mundstück aus Hartgummi ist ideal für das Maul eines jungen Pferdes.

Das Trensengebiß

Das einfachste Mundstück ist das vom Trensengebiß.

Der Teil, der im Pferdemaul liegt, kann gebrochen oder ungebrochen, glatt oder gedreht, gerade oder gebogen sein.

An jedem Ende befindet sich ein Ring, an dem die Zügel befestigt werden.

Die Kandare mit der Kinnkette

Das Kandarengebiß zieht den Kopf nach unten. Es hat nur eine Mundstange. Die Zügel sind an zwei „Knebeln" befestigt, die wie Hebel wirken. Wenn der Reiter an ihnen zieht, drückt er den Kiefer des Pferdes zwischen Mundstange und Kinnkette zusammen.

Wenn es nicht richtig benutzt wird, kann das Kandarengebiß dem Pferd große Schmerzen zufügen, deshalb sollten es nur erfahrene Reiter verwenden.

Es gibt aber auch eine Kombination von Kandaren- und Trensengebiß.

Eine Zäumung, bei der das Pferd ein Trensen- und ein Kandarenmundstück im Maul hat, heißt Kandare mit Unterlegtrense. Nur erfahrene Reiter können mit dieser Art der Zäumung sehr genau auf ein Pferd einwirken.

Bei weiten Ausflügen erlaubt die Hackamore dem Pferd, nach Lust und Laune zu trinken und zu weiden. Ein Mundstück würde es dabei stören.

Gebißlose Zäumung

Eine besondere Zäumung ist die Hackamore. Druck wird vor allem auf das Nasenbein und den Unterkiefer ausgeübt. Dabei spielen auch die metallenen Hebel eine Rolle. Die Hackamore ist keine milde Zäumung!

Aufzäumen und Aufsatteln

Wir haben das Pferd von der Koppel geholt, du hast es geputzt und aufgezäumt und dabei darauf geachtet, daß Kehl- und Nasenriemen nicht zu fest sitzen. Nun mußt du das Pferd satteln.

Vor dem Satteln

Du würdest sicher auch nicht gerne mit Schlamm bedeckt sein und dann einen Rucksack tragen müssen. Das wäre unbequem, und du könntest dich sogar wund reiben. Bei dem Pferd ist es dasselbe. Deshalb mußt du dich vor dem Satteln noch einmal vergewissern, daß das Haarkleid des Pferdes ganz sauber ist.

Den Sattel trägt man mit dem nach oben geklappten Sattelriemen und hochgezogenen Steigbügeln. Nach dem Reiten legst du die Satteldecke auf den Sattel, so kann sie trocknen, bis sie das nächste Mal gebraucht wird.

Nun ist es soweit . . .

Beim Aufsatteln steht man links neben dem Pferd. Jetzt legst du die Satteldecke auf, etwas nach vorn gezogen (achte darauf, daß sie auf beiden Seiten in gleicher Länge herabhängt).

Nun hebst du den Sattel hoch über den Rücken des Pferdes und legst ihn weit nach vorne auf den Widerrist (Steigbügel sind an den Steigbügelriemen hochgezogen, der Gurt liegt über der Sitzfläche). Dann ziehe Satteldecke und Sattel nach hinten auf ihren Platz.

Warum diese Umstände? Das Fell des Pferdes muß unter dem Sattel glatt sein, es muß sich unter dem Sattel wohl fühlen.

Aufzäumen ist kein Spiel

Dem Pferd das Zaumzeug mit einem Gebiß anzulegen bedarf einiger Übung. Die meisten Pferde öffnen ihr Maul von selbst, um es anzunehmen. Aber andere beißen die Zähne zusammen. Durch leichten Druck auf die Maulwinkel wird das Maul geöffnet und das Mundstück hineingeschoben.

Beim Aufzäumen stellst du dich links neben den Pferdekopf, hältst das Genickstück des Zaumes in der linken Hand und streifst mit der rechten Hand die Zügel über den Kopf.

Jetzt schließt du Kehl- und Nasenriemen und die Kinnkette. Zuletzt wird der Schopf über den Stirnriemen gezogen.

Nachgurten – ganz wichtig

Liegt der Sattel gut auf dem Pferderücken, greifst du nach dem Gurt, führst ihn unter den Bauch des Pferdes und schnallst ihn gerade so fest, daß der Sattel nicht herunterrutschen kann.
Jetzt kannst du die Steigbügel runterziehen und in der Länge anpassen.
Vor dem Aufsitzen muß nachgegurtet werden.

Von der richtigen Seite aufsitzen

Man sattelt ein Pferd immer von der linken Seite. Von links steigt man auch auf. Aber warum von links und nicht von rechts?

Für das Rennen läßt sich der Jockey in den Sattel heben. Seine Steigbügelriemen sind sehr kurz eingestellt, deshalb kann er nicht allein aufsitzen.

Ein Erbe der Schwertträger?

Warum steigt man von links auf? Das ist der am häufigsten genannte Grund für diese Gewohnheit: Früher trugen die meisten Reiter Schwerter.

Ein Schwert trägt man auf der linken Seite. Deshalb stiegen die Musketiere und Edelleute immer von links auf das Pferd. So störte sie ihre sperrige Waffe am wenigsten.

Diese aus dem Mittelalter stammende Gewohnheit ist zu einer Tradition geworden.

Beim normalen Reiten sind die Steigbügelriemen lang genug, damit der Reiter allein aufsitzen kann. Vorausgesetzt, es fehlt ihm nicht an Gelenkigkeit. Die richtige Länge hängt von der Beinlänge und dem Können des Reiters ab.

Der kräftige Fuß im Steigbügel

Du weißt, mit welchem Fuß du springst und Schwung holst. Meistens ist es das linke Bein. Es ist auch am besten dafür geeignet, dich in den Sattel zu heben. Deshalb geht auch ein unerfahrener Reiter instinktiv auf die linke Seite des Pferdes, um aufzusitzen. Er denkt dann an keine Traditionen.

Zwei gute Seiten zum Aufsitzen?

Selbst wenn dein rechtes Bein dein Sprungbein ist, solltest du besser immer von links aufsitzen. Denn die meisten Pferde sind daran gewöhnt, daß sich der Reiter ihnen von links nähert und aufsitzt.

Wenn du den Fuß in den rechten Steigbügel stellst, könntest du das Pferd so überraschen, daß es erschreckt zurückweicht. Es ist aber einfach, dem Pferd beizubringen, daß man von links oder von rechts aufsitzt. Das ist auch sehr nützlich. Am Rand einer Schlucht oder zwischen den Bäumen kann man manchmal nur von der rechten Seite aufsitzen.

Von rechts und von links

Die von ihren Schwertern behinderten Reiter stiegen von links auf. Aber die Falkner, die den Greifvogel auf der rechten Hand hielten, stiegen von rechts auf. Rechts, links, ist das nicht etwas kompliziert? Du wirst sehen, es ist sehr einfach.

Der normale Steigbügel besteht aus rostfreiem Stahl und ist oft mit einer Gummiauflage versehen, um das Abrutschen des Fußes zu verhindern.

Haltung auf dem Pferd – sich anpassen

Zum ersten Mal in den Sattel zu steigen ist immer ein großer Augenblick.
Sei weder zu sicher noch zu ängstlich. Du weißt, das Pferd spürt deine Angst. Handle konzentriert und überlegt.
Viel Glück!

Feinfühlig ...

Beim Aufsitzen stellst du den linken Fuß in den Steigbügel, die linke Hand greift in den Mähnenkamm, die rechte Hand ergreift den Hinterzwiesel.

Mit dem rechten Fuß stößt du dich ab und schwingst das Bein über den Sattel. Dabei darfst du weder die Kruppe des Pferdes berühren noch es treten.

Vom Jockey bis zum Cowboy

Ein Jockey reitet zusammengekauert und nach vorn gebeugt. Ein Cowboy dagegen hat die Beine fast ausgestreckt und sitzt gerade im Sattel. Diese Haltungen unterscheiden sich sehr. Aber die beiden Reiter haben ja auch nicht dasselbe Ziel. Der Jockey sitzt für nur wenige Minuten im Sattel. Der Cowboy dagegen braucht eine bequeme Haltung, um lange Strecken zu reiten, und einen sicheren Sitz, um das Vieh zu treiben.

Zügel in die linke Hand, die sich auch in der Mähne festhält, linker Fuß in den Steigbügel, die rechte Hand auf den Hinterzwiesel. Schon ist es fast geschafft.

. . . und gelenkig

Nun bist du oben und läßt dich weich im Sattel nieder. Mit dem rechten Fuß nimmst du den rechten Steigbügel auf (falls die Steigbügelriemen nicht richtig eingestellt sind – laß dir helfen). Nun richte dich auf und, vor allem, entspanne dich. Denn ohne Entspannung und Gelenkigkeit wirst du im Sattel keine gute Figur abgeben.

Pferd und Reiter werden eins

Reiten bedeutet, seinen Körper dem des Tieres anzupassen, damit beide eine Einheit bilden. Doch es gibt kleine und große Pferde, lange und kurze; es gibt Menschen mit langem Oberkörper und kurzen Beinen und umgekehrt. Pferd und Reiter können sich also nicht immer auf dieselbe Weise zusammenfinden.

Natürlich gibt es eine typische Haltung auf dem Pferd. Aber jeder muß sie seiner eigenen Körperbeschaffenheit anpassen. Deshalb mußt du vielleicht die Steigbügelriemen verkürzen oder verlängern. Damit du gut zu deinem Pferd paßt und das Pferd gut zu dir.

Jetzt nur noch das rechte Bein über die Kruppe schwingen – aber ohne sie zu berühren – und sich weich in den Sattel setzen.

Die korrekte Zügelführung will gelernt sein

Dieser junge Reiter muß die Zügelführung mit beiden Händen noch lernen: Die Zügel sind verdreht und laufen nicht zwischen dem kleinen und dem Ringfinger hindurch. Außerdem hält er die Hände viel zu weit auseinander.

Man vergleicht ein Pferd eigentlich nicht mit einem Auto. Aber die Zügel sind für den Reiter, was das Lenkrad für den Fahrer ist.
Der Reiter kann mit den Zügeln sogar bremsen.

Sowohl lenken als auch bremsen

Denke immer daran, die Zügel sind zum Lenken des Pferdes da, nicht aber, um sich daran ängstlich festzuhalten.

Bei der Vorwärtsbewegung folgen die Hände den Bewegungen des Pferdekopfes. Soll das Pferd langsamer laufen oder stehenbleiben, nimmt der Reiter die Zügel an, so daß das Pferd Widerstand spürt.

Zügelführung mit beiden Händen – Genauigkeit

Man kann die Zügel mit einer oder mit beiden Händen halten. Hält man sie mit einer Hand, kann man nicht so gut auf beide Seiten des Pferdemaules einwirken. Beidhändig gibt man ihm sehr genaue Anweisungen. So hält man die Zügel, wenn man dem Pferd sehr schwierige Befehle gibt, beim Dressurreiten oder einem Wettkampf.

Zügelführung mit einer Hand – Freiheit

Warum sollte man die Zügel mit einer Hand führen, wenn es doch mit beiden Händen so gut geht. Um eine Hand frei zu haben. Stell dir einen Reiter vergangener Zeiten vor, der seine Zügel mit beiden Händen gehalten hätte: Er hätte weder Schwert noch Lanze ziehen können.

Ein Reiter bei einem Wanderritt könnte nicht die Karte lesen und dabei das Pferd lenken. Nicht alle Pferde sind an die Führung mit einer Hand gewöhnt. Aber sie lernen sehr schnell, wenn sie so geführt werden.

Schwere Hand und leichte Hand

Mit dem über die Zügel verbundenen Gebiß soll das Pferd gelenkt werden und nicht gefoltert. Im Sattel mußt du darauf achten, nicht grundlos oder zu stark an den Zügeln zu ziehen. Das Gebiß im Maul kann dann große Schmerzen verursachen. Das Pferd freut sich, wenn du eine leichte Hand hast. Aber wenn du eine schwere Hand hast, wird es dich verabscheuen.

Die Zügelführung mit einer Hand ist etwas für erfahrene Reiter.
Hat das Pferd eine Trense, hält der Reiter zwei Zügel, bei der Kandare mit Unterlegtrense vier Zügel in den Händen.

Der richtige Sitz

Sei nicht gekränkt, wenn dir der Reitlehrer sagt, du sitzt auf dem Pferd wie die Butter auf der heißen Kartoffel.
Es ist nicht einfach, den korrekten Sitz auf dem Pferd zu erlernen – er muß erarbeitet werden.

Diese junge Reiterin zeigt sehr viel Geschicklichkeit im vollen Galopp. Sie verschmilzt mit dem Körper des Pferdes, während sie das Lasso wirft. Das ist eine gute Haltung.

Die Geheimnisse der guten Haltung

Hier sind die vier Geheimnisse, die man kennen muß, um in jeder Situation im Sattel zu bleiben:

- Entspannung: Wenn du verkrampft bist, kannst du den Bewegungen des Pferdes nicht nachgeben (und du wirst durchgeschüttelt).
- Gewichtsverteilung: Du mußt dein Körpergewicht gleichmäßig auf dein Gesäß verteilen und ganz entspannt im Sattel sitzen.

Du darfst dich nicht mit Knien und Unterschenkeln am Pferd festklammern.

Dieser Reiter auf einem jungen Andalusier hat die klassische Dressurhaltung, mit sehr langen Steigbügeln und den Beinen eng am Pferd. Die geringste Verlagerung seines Körpergewichtes ist ein Signal für das Pferd.

- Haltung des Oberkörpers: Er muß immer senkrecht bleiben, und stets Kopf hoch.
- Viel Übung – Schreiben und Zeichnen lernt man nicht in zwei Stunden. Reiten ebensowenig.

Und im Trab oder im Galopp?

Wie soll man sich im Trab oder im Galopp halten? Die Antwort ist einfach – wie im Schritt. Man muß nur entspannt bleiben, gelenkig in den Hüften und mit senkrechtem Oberkörper. Es geht eben nur etwas schneller und macht großen Spaß.

Gewichtsverlagerung beim Reiten

Eine gute Haltung bedeutet auch, das Körpergewicht verlagern zu können. Man schiebt den Körper nach vorn, nach hinten, nach rechts oder nach links. Warum? Zum Beispiel, um das Pferd anzutreiben oder zu bremsen. Wenn du dein Gewicht auf der Hinterhand ruhen läßt, behinderst du seine Bewegung. Also verlangsamst du die Gangart des Pferdes, mehr noch, indem du die Zügel annimmst und so auf das Gebiß einwirkst. Um schneller zu werden, mußt du das Pferd mit Kreuzanspannung und Schenkeldruck antreiben.

Die beste Übung, unter allen Umständen eine gute Haltung zu bewahren, ist, von Zeit zu Zeit ohne Sattel zu reiten.

Verschiedene Reitweisen

Verschiedene Pferde, unterschiedliches Zaumzeug und unterschiedliche Sättel, das ergibt verschiedene Reitweisen. Hier stellen wir dir drei davon vor, die du sicher einmal beobachten oder selbst ausprobieren wirst. Das Reiten im Damensattel, das Reiten ohne Sattel und die amerikanische Reitweise.

Der Damensattel

Da die Damen früher niemals Hosen, sondern immer Kleider oder Röcke trugen, konnten sie nicht mit gespreizten Beinen auf dem Pferderücken sitzen. Das galt als unelegant und nicht damenhaft.

Außerdem war das Reiten lange Zeit den Männern, den Jägern und Kriegern, vorbehalten. Die Damen stiegen nur bei langen Reisen auf das Pferd. Oft gab man ihnen ruhige und bequeme Pferde: die Zelter. Sie liefen im sanften Paßgang. Als Sattel benutzte man ein Holzgestell, in das sich die Reiterin setzte, indem sie die Beine auf der linken Seite des Pferdes herabhängen ließ. Ein von zwei Schnüren gehaltenes Brettchen diente als Fußstütze.

Wer hat den Damensattel erfunden?

Katharina von Medici (1519 bis 1589) soll den Damensattel erfunden haben. Sie bestellte einen Sattel mit einem Griff am Knauf und einem Steigbügel an der linken Seite. Mit dieser Vorrichtung konnte sie wie die Männer reiten, aber nicht rittlings. Sie legte das rechte Knie um den Knauf. Was für ein Fortschritt! Der Damensattel, den wir heute kennen, wurde erst im vergangenen Jahrhundert konstruiert – von einem Mann. Es war ein Engländer, der nur seitlich reiten konnte.

Diane von Poitiers und Jeanne d'Arc

Auch früher gab es Frauen, die es ablehnten, seitlich auf dem Sattel sitzend zu reiten. So folgte Diane von Poitiers (1499 bis 1566) Heinrich II. auf der Jagd und ritt wie ein Mann. Auf keinen Fall darf man Jeanne d'Arc (1410/12 bis 1431) vergessen. Auch sie saß auf dem Pferd mit gespreizten Beinen.

Die vornehme Reiterin saß mit beiden Beinen auf der linken Seite im Sattel. Einige wenige Sättel zeigen heute noch die Form, in der die Beine wie in einer Gabel gehalten wurden. Die Reiterin mußte immer in den Sattel gehoben werden.

Die Gerte ersetzt ein Bein

Beim Reiten im Damensattel (man bezeichnet ihn auch als Amazonensattel) befinden sich beide Beine auf einer Seite des Pferdes – meistens auf der linken, die rechte ist auch möglich. Um das Pferd zu lenken, wird die Gerte benutzt, sie ersetzt den „fehlenden" Unterschenkel.

Im Damensattel sind fast alle Nutzungsarten eines Pferdes möglich: Ausritte, Dressurreiten, Jagd und sogar Hindernisspringen. Es gibt auch eine Prüfung für das Reiten im Damensattel.

Die amerikanische Reitweise

Trotz ihres Namens reiten nicht alle Amerikaner in dieser Weise. Das Westernreiten hat seinen Ursprung im Reitstil der Cowboys.

Einheit zwischen Reiter und Pferd

Wie kann man eine solche Zusammenarbeit mit dem Pferd erreichen? Indem man ihm begreiflich macht, daß es selbständig arbeiten soll. Es hat alle Freiheit, auszuführen, was man ihm aufträgt. Und noch einmal – man muß sich in das Pferd hineinversetzen. Schwierig? Ja und nein. Es verlangt Zeit und Geduld.

Ein Pferd mit Verantwortung

Die Arbeit mit Viehherden verlangt einen besonderen Reitstil, bei dem das Pferd aktiv einen Teil der Tätigkeiten ausführt. Um zum Beispiel ein Kalb aus der Herde zu holen, braucht der Reiter das Pferd nicht zu lenken. Er muß dem Pferd nur anzeigen, welches Tier isoliert werden soll.

Das Pferd arbeitet allein. Es verfolgt das Kalb, den Kopf dicht am Boden. Es stößt und beißt.

Eine besondere Reitkunst

Lange Zeit ritten nur Cowboys auf diese Weise. Sie wußten, wie man Pferde erzieht. Dann wurde das Pferd mehr und mehr zum Freizeitgefährten. So entdeckten manche Reiter das Vergnügen, das Pferd zum Partner zu machen. Es verhält sich ganz anders als das, welches nur Befehle ausführt.

Die Reiter studierten die Reitweise der Cowboys. Sie machten daraus eine Kunst mit Wettbewerben und einer Weltmeisterschaft.

Dieser Cowboy braucht sein Pferd, um das Vieh zusammenzutreiben und die Koppeln zu kontrollieren. Der junge Hengst trägt nur eine Hackamore und lange Zügel.

Wie die Arbeit auf der Ranch

Die amerikanische Reitweise entstand mit der Arbeit auf der Ranch. Ein Gatter öffnen, ohne abzusteigen, das Vieh verfolgen, es mit dem Lasso einfangen und stundenlang im Sattel sitzen . . .

Bei Wettkämpfen der Westernreiter lassen die Teilnehmer ihre Tiere zwischen Hindernissen hindurchlaufen, treiben sie zum Galopp, bringen sie auf der Stelle zum Stehen und lassen sie eine Vielzahl ungewöhnlicher Lektionen ausführen. Manche Reiter bewältigen solche Aufgaben sogar ohne Zügel .

Reiten ohne Sattel

Das Reiten ohne Sattel ist natürlich die älteste Reitweise. Viele kritisieren es. Aber andere schätzen diese Reitweise und haben daraus sogar einen Wettkampfsport gemacht.

Bäuerliches Reiten?

Oft hört man: Ohne Sattel reiten nur Bauern. Es ist wahr, daß früher die Bauern so von ihren Feldern nach Hause ritten. Das war ja auch kein richtiges Reiten.

Leute, die dieser Auffassung sind, vergessen die vielen hervorragenden Reitervölker, die Parther beispielsweise oder die Angehörigen mancher Indianerstämme. Sie ritten ohne Sattel!

Ein wahres Vergnügen

Ein großer Vorteil des Reitens ohne Sattel ist der direkte Kontakt mit dem Pferd. Du wirst ganz von seiner Wärme erfüllt. Du spürst die geringste Regung seiner Muskeln. Du weißt genau, über welche Energie es verfügt. Du lebst mit ihm.

Der „Palio von Sienna“

Reitwettkämpfe ohne Sattel werden bei vielen Pferdefesten veranstaltet. Die bekanntesten finden jedes Jahr am 2. Juli und am 15. August im italienischen Sienna statt. Zehn Reiter müssen dreimal um einen Platz reiten. Einen so kleinen Platz, daß sich das Pferd pausenlos drehen muß. Schwierig.
Dieser Wettkampf heißt „Palio“.

Er wird seit 750 Jahren vorgeführt.

Wie Husaren und Dragoner

Vielleicht erscheint es dir schwerer, ohne Sattel zu reiten. Am Anfang stimmt das sicher, man hat nur die Zügel in der Hand. Aber gerade durch diese Anfangsschwierigkeiten erwirbt man einen sicheren Sitz. Früher lernten die Husaren und Dragoner das Reiten ohne Sattel. Wenn sie sicher auf dem nackten Pferderücken saßen, erlaubte man ihnen, den Sattel aufzulegen. Jetzt waren sie gute Reiter geworden. Heute macht man es in den Ponyclubs ebenso. Die Kinder traben und galoppieren in der ersten Zeit ohne Sattel auf ihren kleinen Pferden. Wenn sie dann das erste Mal im Sattel sitzen, fühlen sie sich manchmal gar nicht wohl.

Treffpunkte mit Pferden

Zur Zeit der Musketiere traf man überall Pferde: Zugpferde, Reitpferde, Kriegspferde, Reisepferde, schöne Pferde und weniger schöne. Früher waren Pferde so verbreitet wie heute das Auto.
Aber heute sind Pferde selbst in der Landwirtschaft selten zu finden.

Wo kann man noch Pferde treffen?

Pferdeclubs und Reiterzentren

Pferdeclubs, Reiterhöfe und Ausleihstellen für Pferde, Ausflugszentren, Ponyclubs – das sind die Orte, an denen man Pferde findet.

Gibt es Unterschiede? Natürlich.

Viele haben sich spezialisiert: Es wird nur die eine oder die andere Art des Reitens praktiziert. Aber aus dem Namen erkennt man nicht immer die Spezialisierung.

Deshalb mußt du dich vorher informieren, ob du auch das findest, was du suchst: Reitschule, Freizeitreiten, Dressurreiten, Springen . . .

Für jede Sportart ein anderer Pferdetyp

Wenn in den Reiterzentren verschiedene Arten des Pferdesportes angeboten werden, unterscheiden sich auch die Pferde.

Sie werden nach der Eignung ausgewählt, die sie für eine bestimmte Sportart haben.

Es können Ponys, Kleinpferde und Großpferde verschiedener Rassen sein und unterschiedlich ausgebildet.

Ein gutes Pferd für das Hindernisspringen ist nicht immer als Freizeitpferd geeignet und umgekehrt.

Sogar der Sattel ist da!

Was findet man in einem Reiterzentrum außer Pferden? Alles, was man für das Reiten braucht, angefangen bei den Sätteln. Um Tennis zu spielen, mußt du dir deinen Schläger kaufen, zum Reiten brauchst du keinen eigenen Sattel. Aber vielleicht bekommst du mit der Zeit Lust, deinen Sattel zu besitzen.

Die Pferde zuerst

Mit unglücklichen Pferden macht das Reiten keinen Spaß. Deshalb solltest du dir erst einmal die Tiere eines Reiterzentrums oder Ponyclubs ansehen. Wenn die Pferde mager sind oder die Ställe voller Mist, sollte man lieber zu einem anderen Club gehen. Aber nicht immer werden die Pferde in den vornehmsten Ställen am besten behandelt.

Bei den Ponys

Pferde sind oft groß und sehr beeindruckend. Aber es gibt auch kleine, die gerade deiner Körpergröße entsprechen – die Ponys.
Da sie sehr niedlich aussehen, hat man sofort Lust, sie zu streicheln. Diese kleinen Freunde findet man im Ponyclub, wo man mit ihnen umzugehen lernt. Reiten, Voltigieren oder Reiterspiele – es gibt viele Möglichkeiten, sich mit Ponys zu beschäftigen.

Eines Tages kannst du dann auch ein großes Pferd reiten.

Pony, wer bist du?

Das Pony ist ein kleines Pferd, aber kein Spielzeug. Klein ist es nur äußerlich. Sein Charakter ist mit dem eines Riesen vergleichbar. Es ist sehr intelligent und widerstandsfähig.

Jeder landet einmal auf der Erde. Einen Reiter, der dir erzählt, er wäre noch nie vom Pferd gefallen, solltest du mit Mißtrauen betrachten. Hab keine Angst, der Boden auf dem Reitplatz oder in der Reithalle ist weich, und bald wirst du lernen, ebenso schnell wieder in den Sattel zu kommen, wie du heruntergefallen bist.

Dickköpfig und unberechenbar?

Manchmal weigert sich ein Pony, weiterzugehen oder über eine Brücke zu laufen. Aber es hat sicher gute Gründe für sein Zögern. Es möchte einfach nicht vorangehen, es bleibt lieber hinten. Oder es wagt sich nicht auf eine Holzbrücke, weil es instinktiv spürt, daß sie nicht sehr fest gebaut ist.

Es kann auch vorkommen, daß es sich von besonders saftigen Gräsern verführen läßt und davonläuft. Es ist wichtig, daß du die „Gedanken" deines Ponys kennst.

Verständnis und Strenge

Du möchtest gern der Freund deines Ponys werden? Das liegt nur an dir. Du mußt dich nur bemühen, seine Reaktionen zu verstehen und, wenn möglich, seine Wünsche zu erfüllen. Es möchte auf frischem Gras weiden. Führe es dorthin. Es wird dir dankbar sein. Wenn es sich weigert, vorwärts zu gehen, weil es auf seinen Freund warten will, dann zeige deine Autorität. Sonst wird das Pony der Stärkere von euch beiden bleiben!

Hab keine Angst, es zu verärgern. Es braucht die Strenge. Aber du darfst keine Gewalt anwenden.

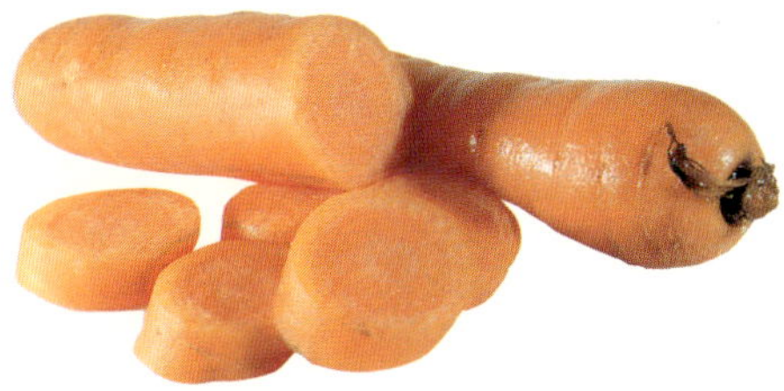

Möhren erhalten die Freundschaft

In einem Ponyclub reiten täglich andere Kinder auf einem Tier. Aber wenn du dir dein Pony wirklich zum Freund machst, wird es dich bald unter den anderen erkennen. Dann wird es deine Ankunft bemerken und wiehern, um dich zu rufen.

Besonders wird es sich über die Möhren freuen, die du hoffentlich nicht vergessen hast.

Wolke und Bruno

In einem Ponyclub lebte einmal ein Shetland-Pony, das Wolke hieß. Sein bester Freund, Bruno, ein kleiner Junge, kam einmal in der Woche zu ihm. Eines Abends im Winter, es war sehr kalt, suchten alle nach dem verschwundenen Bruno. Man fand ihn am nächsten Morgen. Er schlief im Stall bei Wolke, eng an das Pony gekuschelt, um sich zu wärmen.

Du willst sein Freund werden. Vergiß deine ersten Ängste und lerne es wirklich kennen. Dann wirst du dich sicher mit ihm anfreunden.

Im Ponyclub

Zahlreiche Ponys leben in den Ponyclubs. Sie sollen vor allem den Kindern Freude bereiten, die den Umgang mit ihnen erlernen wollen – nach der Schule, in den Ferien . . .

In diesem Ponyclub übt die Trainerin mit den Kindern das Hindernisspringen.

Nicht nur mit Ponys umgehen

Vielleicht bist du zwischen zwei Sportarten hin- und hergerissen: Du möchtest reiten und einen anderen Sport treiben (Surfen, Tennis ...). In den Ferien kannst du dir diese Wünsche erfüllen. Denn es gibt Camps, in denen man neben dem Reiten auch andere Sportarten treiben kann. Du mußt dich nur erkundigen.

Für die Reinigung des Leders brauchst du einen feuchten Schwamm, Glyzerinseife und Lederfett.

Die Ponyclub-Schule

In den Städten ist der Ponyclub oft nur eine Reitschule. Du gehst dort wöchentlich für ein oder zwei Stunden hin. Dann fährst du wieder nach Hause. Das ist kurz, aber die nächsten Ponyfreunde warten schon.

In einer Stadt ist manchmal das Interesse so groß, daß nicht ausreichend Ponys zur Verfügung stehen.

Der Ferien-Ponyclub

Die meisten Ponyclubs sind aber mehr als Schulen. Sie sind wie große Ferienlager. Du findest dort viele Freunde: Jungen, Mädchen und viele Ponys für einen Nachmittag, für einen ganzen Tag, für ein ganzes Wochenende oder sogar für eine Woche oder länger.

Es gibt unzählige Möglichkeiten, sich die Zeit mit dem Pony zu vertreiben. Aber Ponys können nicht den ganzen Tag traben und galoppieren. Also hast du noch genug Zeit für andere Dinge.

Wie bei dir zu Hause

Zunächst kannst du bei der Pflege der Ponys helfen, beim Füttern, Putzen, beim Stallausmisten. Ist das Arbeit? Eigentlich nicht. Aber sie dauert lange, vor allem, wenn du dir die Zeit nimmst, zwischendurch Möhren und Zärtlichkeiten zu verteilen.

Du kannst auch das Leder pflegen und die Anfänge des Sattlerhandwerks erlernen. Und vor allem über Pferde reden, das machen dort alle. Bevor du abfährst, mußt du dich von den Ponys verabschieden.

Bei einem Aufenthalt im Ponyclub lernst du alle Tricks für den Umgang mit Pferden. Man wird dir erklären, wie du das Zaumzeug auseinandernimmst, reinigst und fettest. Dabei wiederholst du die Namen aller Einzelteile und prägst sie dir ein.

Spielerisches Reiten

Im Ponyclub erhältst du den Unterricht nicht im Klassenraum, sondern in der Reithalle. Du mußt keine Hausaufgaben machen, sondern deine Aufgaben dort erfüllen.
Wenn du Fehler machst, wirst du bestraft – von dem Pony, auf dem du reitest!

Die Regeln in der Reithalle

– Bevor man aufsitzt, führt man sein Pferd neben die anderen Tiere zur Mittellinie.
– Man überprüft den Sattelgurt, stellt die Steigbügel ein und sitzt auf.
– Der Lehrer gibt seine Kommandos immer rechtzeitig, so daß du genügend Zeit hast, dich darauf einzustellen.
– nacheinander und einzeln: Diese beiden Begriffe bringen Anfänger immer durcheinander.
nacheinander – man folgt dem ersten Pferd.
einzeln – jeder für sich.
– Abstand halten. Das eigene Pferd darf nicht an dem des Vordermannes „kleben", sonst könnte man leicht einen Hufschlag abbekommen. Man sollte versuchen, einen Abstand von 2 Metern zum nächsten Pferd zu lassen.
– Ecken auslaufen: Laß dein Pferd nicht einfach die Ecken der Reithalle schneiden, sonst ist das Pferd der Chef.

Im Gänsemarsch

Beim Unterricht in der Reithalle wird gewöhnlich in einer Abteilung, das heißt hintereinander geritten. Der erste Reiter „nimmt die Tete", dieses Wort kommt aus dem Französischen und heißt Spitze.

Hinter ihm führen alle Reiter die Kommandos des Reitlehrers aus, wie Volten, Durchparieren, Handwechsel oder Rückwärtsrichten.

Eine Übungsstunde ist anstrengend, aber nicht langweilig.

Dieser Ponyclub mitten in der Stadt macht es auch Stadtkindern möglich, sich am Umgang mit Ponys zu erfreuen. Die Übungen finden auf dem Reitplatz statt.

Alle Fehler korrigieren

Die Aufgaben in der Reithalle sind vor allem Übungen zur Fehlerkorrektur. Das wichtigste ist, man darf die Ponys und die anderen Reiter nicht stören.

Erste Regel: Es wird nicht geredet. So bewahren die Ponys ihre Ruhe, und die Reiter können aufmerksam den Anweisungen des Reitlehrers folgen.

Man darf natürlich Fragen stellen, wenn man ein Problem hat.

Man muß auch vermeiden, die Gruppe zu behindern. Das ist einfach. Man braucht sich nur von den schnelleren Reitern überholen zu lassen.

Das Pony als Lehrer

Keine Strafe während einer Übungsstunde.
Logisch – Reiten ist ein Sport und ein Vergnügen.

Keine Pflicht. Natürlich macht man Fehler, zum Beispiel: Man zieht zu stark an den Zügeln. Das Pony bestraft dich dafür, indem es das Gegenteil von dem macht, was du erreichen wolltest. Das kann man ihm nicht vorwerfen, denn es hat recht.

Wichtig ist vor allem, seine Reaktion zu verstehen, um denselben Fehler nicht noch einmal zu wiederholen.

Man kann den Reitunterricht auch mit dem Voltigieren beginnen, um sich an die Bewegungen des Ponys und an das Gleichgewicht auf dem Pferd zu gewöhnen. Diese Haflinger sind dafür ausgebildet. Sie gehorchen der Stimme des Reitlehrers in der Mitte des Kreises (hier nicht zu sehen).

Ein Dach und Licht

Natürlich reitet es sich im Wald angenehmer als in der Reithalle. Und die Lektionen, die du erhältst, interessieren dich vielleicht manchmal mehr als der Mathematikunterricht in der Schule! Dafür hat die Reithalle ein Dach, das dich bei Regen schützt. Und dank der Beleuchtung kannst du auch noch am Abend reiten.

Das Voltigieren

Pflicht- und Kürfiguren

Es gibt Voltigierwettkämpfe und Meisterschaften. Dort werden die vorgeschriebenen (Pflicht) und die freien Figuren (Kür), die du dir selbst ausgedacht und gut geübt hast, beurteilt. Es ist wie beim Eiskunstlauf. Aber jedem seine Sportart!

Voltigieren ist ein Sport für alle, die Gymnastik und Turnen lieben. Das Pferd an der Longe geht im Linksgalopp im Kreis, und die Reiter nutzen den Schwung seiner Bewegungen zum Aufspringen, wobei sie sich am Voltigiergurt festhalten. Dann führen sie die freien und die vorgeschriebenen Figuren aus.

Voltigieren heißt Turnen auf dem sich bewegenden Pferd. Es hilft, ein sicherer Reiter zu werden, und es macht viel Spaß.

Erste Übungen

Ein Pony, das sich zum Voltigieren eignet, ist mutig und bewahrt stets die Ruhe. Während der „Arbeit“ trägt es einen speziellen Sattel und den Voltigiergurt mit zwei Griffen, an denen sich der Reiter festhalten kann.

Die ersten Übungen beginnt man auf dem stehenden Pony. Man sitzt auf dem Pferd und beugt sich so weit wie möglich nach vorn oder hinten, man kniet sich auf seine Kruppe, man springt von hinten auf ... Es gibt unendlich viele Möglichkeiten.

Wie die Kosaken

Wenn du die Grundlagen beherrschst, beginnst du auf dem galoppierenden Pferd zu üben. Das Pony wird vom Reitlehrer an der Longe gehalten und galoppiert im Kreis. Bei dieser Gangart in den Sattel zu kommen ist nicht ganz einfach. Aber dank der Griffe des Voltigiergurtes wirst du es schnell lernen.

Bald wirst du mit Leichtigkeit von der einen oder anderen Seite auf- und wieder abspringen können. Wie die Indianer oder die Kosaken – oder fast. Deren Pferde wurden nicht an der Longe geführt. Sie „turnten“ beim Kampf auf dem Pferd und lenkten es noch dabei. Das war wirklich schwierig.

Voltigierfiguren

Voltigierübungen kann man allein oder mit einem oder mehreren Partnern ausführen. Bei der Figur „Fahne“ kniet der Reiter auf dem Pferd – ein Bein und ein Arm sind ausgestreckt. Figuren für mehrere Personen heißen: Trio, Schneidersitz mit Standwaage, Pyramide ...

Fröhliche Spiele mit Ponys

Es gibt Hunderte verschiedene Reiterspiele, und man kann Tausende weitere erfinden. Manche sind schon für Anfänger geeignet, andere verlangen einen sicheren Sitz im Sattel, den erwirbst du in der Reithalle.

Wie auf dem Schulhof

Zu Fuß oder zu Pferde, die Spiele sind oft dieselben: Schatzsuche, Verstecken, Fangen, Räuber und Gendarm und viele andere. Aber es ist nicht so einfach, sein Pony im richtigen Augenblick loslaufen zu lassen.

Man muß dem kleinen Pferd auch das Spielen beibringen, aber es macht ihm fast immer großen Spaß. Und das ausgelassene Spiel wird für alle zum Vergnügen.

Reiterfeste

Reiterfeste sind auch immer ein Anlaß zum Spiel. An Feiertagen oder bei den Clubfesten finden viele Vorführungen mit Pferden statt. Bei Geschicklichkeitsübungen, Musketierkämpfen oder Fackelzügen kann man die fröhlichen, herausgeputzten Ponys bewundern. Auch die Reiter sind oft verkleidet.

Im Ponyclub ist fast jeder Spaß erlaubt. Man nutzt jede Gelegenheit, um sich zu verkleiden, etwas vorzuführen oder sich einfach nur zu vergnügen.

Jeder spielt für sich

Es gibt viele Spiele, die man allein spielen kann, „Quintana“ beispielsweise. Auf einer 60 Meter langen Bahn steht im letzten Drittel eine drehbare Roland-Figur, diese muß der Reiter mit einer Lanze (Holzstab) treffen. Die Figur wird dabei in Drehung versetzt und erteilt dem Reiter, der nicht schnell genug davonreitet, einen Schlag in den Rücken.

Dieses Spiel läßt sich bis ins 8. Jahrhundert nach Christus zurückverfolgen.

Viele spielen gemeinsam

Es gibt auch Mannschaftsspiele. Das bekannteste ist das „Horse ball“, das ist wie Basketball auf dem Pferd. Man spielt es in zwei Vierermannschaften. Am Ball sind Schlaufen angebracht, so daß man ihn mit einer Hand ergreifen kann.

Man hebt ihn vom Boden auf, indem man sich an der Seite des Pferdes herabbeugt.

Das verlangt Wendigkeit und Geschicklichkeit. Dieses Spiel gefällt den Ponys sehr!

Trotz seines englischen Namens wurde das „Horse ball“ als Mannschaftsspiel in Frankreich erfunden. Die Idee stammt vom argentinischen „Pato“.

Der Ball für das Horse-ball-Spiel ist ein Junioren-Fußball mit sechs Lederschlaufen. Wer ihn ergreifen will und dabei vom Pferd fällt, hat schon fast verloren.

Ausflüge mit Ponys

Heute machen wir einen Ausflug mit den Ponys – den ganzen Tag lang. Es ist dein erster Ausflug. Wohin wird er dich und dein Pony führen?

In den Schulferien wetteifern die Ponyclubs mit wirklich tollen Einfällen. Hier steigen die Reiter eines Ponyclubs in der Stadt mit den Pferden in einen Zug, um auf das Land hinauszufahren. Dort werden sie gemeinsam die Ferien verbringen. Ein Ponyzug – was für eine nette Idee.

Zucker solltest du nicht zu oft als Belohnung geben.

Das Pferd zuerst

Der Ausflug ist zu Ende. Wir sind zurück im Ponyclub. Aber noch kannst du dich nicht ausruhen. Der echte Reiter kümmert sich zuerst um sein Tier, bevor er an sich selbst denkt. Du mußt dein Pony tränken, es füttern und dich um sein Wohlergehen kümmern.
Zeige ihm, wieviel Spaß du mit ihm hattest.

Entdeckungen vom Ponyrücken

Die warme Frühlingssonne stimmt alle fröhlich – auch dein Pony, das durch das Unterholz trabt. Es will die anderen überholen, will an der Spitze der Gruppe laufen. Du merkst es kaum. Beim Reiten hast du Zeit, dich umzusehen. Du bist damit beschäftigt, den Wald zu entdecken, wie du ihn nie zuvor gesehen hast. Überall sind Bäume, Blumen, Vögel, die du noch nie bemerkt hast.

Vom Auto aus würdest du wegen der großen Geschwindigkeit nichts erkennen. Zu Fuß wäre es nicht viel besser, denn du müßtest auf den Weg achten, damit du nicht stolperst.

Danke, Pony, daß du mich trägst!

Gut für die Haltung im Sattel

Ein Hügel, es geht bergauf. Du mußt dich an die Mähne klammern, um nicht nach hinten zu rutschen. Jetzt geht es bergab, und du stützt dich am Widerrist ab, um nicht nach vorne geschleudert zu werden.

Die Waldwege sind nicht so eben wie der mit Sägemehl bestreute Boden der Reithalle. Dort dachtest du, du hättest einen sicheren Sitz, aber hier, auf den wechselnden Böden der Felder und Wälder, lernst du erst wirklich, sicher im Sattel zu sitzen.

Wer ist erschöpfter?

Eine Pause – sie ist hoch willkommen. Deine Muskeln beginnen schon zu schmerzen. Das ist ganz normal beim ersten Ausflug. Spaß macht es trotzdem. Jetzt beobachtest du dein Pony, wie es grast und sorgsam die Gräser auswählt. Es ist dabei ebenso eifrig wie vorhin, als es dich kilometerweit getragen hat. Offensichtlich hat dich der Weg mehr ermüdet als das Pony.

Es lebe die Pause auf einer Waldlichtung. Das Pony freut sich darauf, zu grasen, und du, alle Muskeln entspannen zu können.

Vielseitiger Umgang mit Pferden

Man kann sich sehr vielseitig mit einem Pferd betätigen: Ausritte unternehmen, sich an Spielen beteiligen, Dressur- oder Springreiten, im Schauwesen oder auf dem Bauernhof kutschieren, voltigieren ...

Pferdesport ist in fast jedem Lebensalter möglich.

Wer nicht aktiv sein will, ist vielleicht ein begeisterter Zuschauer bei Veranstaltungen mit Pferden – im Kino, im Zirkus oder von der Tribüne einer Rennbahn aus.

Freiheit auf dem Pferd

Das Pferd ist geschaffen, sich zu bewegen. Man stellt es sich ja immer so vor, als würde es durch endlose Weiten galoppieren, ohne Häuser, ohne Zäune, ohne Straßen. Wer bekommt da nicht Lust, mit ihm „davonzufliegen"?

Träume

„Ich möchte mit einem vierbeinigen Gefährten bis an das Ende der Welt galoppieren." – „Ich möchte all meine Zeit mit meinem Pferd verbringen und immer gut zu ihm sein." – „Wenn ich ein Pferd hätte, würde ich mit ihm durch wilde, einsame Landschaften reiten." – „Mit einem Pferd könnte ich um die ganze Welt reiten und an den Stränden das Wasser spritzen lassen." – „Mit einem Pferd reitet man durch die ganze Welt und durch das ganze Leben." – Diese Sätze wurden von Kindern aufgeschrieben. Sie zeigen ihre Träume von Weite und Freiheit. Die Träume vieler Pferdeliebhaber. Sind es auch deine Träume?

Bei langen Wanderungen braucht man auch Packpferde, um unabhängig zu sein und sich selbst versorgen zu können. Man muß immer Planen und Regenmäntel dabei haben, falls man von einem Gewitter überrascht wird. Von den Bergkämmen aus kann man weit ins Land schauen.

Mit der Kutsche oder „hoch zu Roß“

Hättest du vor 200 Jahren oder noch früher gelebt, wären weite Reisen für dich nur zu Pferde oder mit einer Kutsche möglich gewesen. Denn damals war das Pferd das einzige Transportmittel, um schnell und weit voranzukommen. Die Offiziere Napoleons ritten von Paris nach Lissabon, Madrid, Den Haag, Warschau und Moskau. Lange Zeit vorher durchquerten die Reiter Dschingis-Khans die unendlichen Weiten – Tausende von Kilometern – zwischen China und der Türkei. Sie erreichten sogar Ägypten. Für solche Entfernungen nehmen wir heute das Flugzeug. Aber du kannst auch heute noch mit dem Pferd Reisen unternehmen.

Herbergen für Reiter und Pferd

Heute haben wir unsere Straßen, Autobahnen, Tankstellen und Motels. Früher ritten die Reisenden auf großen Handelsstraßen oder fuhren in Kutschen. In den Herbergen bot man ihnen und ihren Tieren Unterkunft, vor allem einen Platz für die Nacht. Der Reiter blieb in der Schenke, das Pferd erhielt im Stall Wasser, Hafer und Stroh.

Vom Spazierritt zur großen Tour

Der Schnee ist für den Reiter und sein Pferd kein Hindernis.

Man kann zu Fuß weite Touren unternehmen, aber auch zu Pferde. Eine solche Reise kann Tage, Wochen, Monate oder sogar Jahre dauern.

Ein richtiger Beruf

Für weite Reisen mit dem Pferd muß man vor allem sehr gut reiten können. Aber man muß auch wissen, wie man die Pferde unterwegs führt, füttert, eine Karte liest und sich orientiert. Man muß sich in Erster Hilfe auskennen, ein Lager aufschlagen können . . .

Es gibt Leute, die das planen und die Leitung von Reitausflügen zu ihrem Beruf gemacht haben.

Beobachten und Fragen stellen

Du wirst nicht an einem Tag ein vollkommener Wanderreiter. Mit einem erfahrenen Begleiter unternimmst du zuerst Ausritte von einer Stunde oder einem halben Tag. Dann zieht ihr schon für mehrere Tage in die Ferne, eine Woche oder mehr. Allmählich lernst du die Tricks, die nötig sind, sich bei Regen und Nebel im Gelände zurechtzufinden oder wie man sich bei einem Gewitter verhält. Wie du das lernst? Indem du beobachtest und den Erfahreneren Fragen stellst.

Wenn du dich dann wirklich auskennst, kannst du allein losreiten. Vielleicht willst du dich auf eine weite Reise machen? Später – wenn du erwachsen bist.

Reiseberichte

Viele Reiter haben von ihren Erlebnissen in Zeitschriften erzählt, andere haben sogar Bücher über ihre Reise geschrieben. Die Schwestern Coquet sind von Paris nach Jerusalem geritten, Stéphane Bigo hat drei einjährige Reisen unternommen. Er hat Afghanistan, Nordamerika und Südamerika mit dem Pferd durchquert. Jean-Louis Gouraud ist von Paris bis Moskau geritten. Alle haben sie begeistert über ihre Erlebnisse berichtet.

Über zwei Jahre unterwegs

Eine der längsten bekannten Reisen zu Pferde ist die des Schweizers Aimé Tschiffely mit seinen beiden Criollo-Pferden „Mancha" und „Gato". Sie brachen 1926 in Buenos Aires auf, um nach New York zu reiten. Für die 21 500 Kilometer lange Reiseroute brauchte er mit den beiden Pferden etwas mehr als 2 Jahre. Regen, Sturm, Hitze, Kälte und Schnee mußten die drei ertragen. Beim Überqueren des Kondorpasses in 6 000 Meter Höhe erfroren sie fast. Trotz dieser Widrigkeiten erreichten sie gesund ihr Ziel.

Karte und Kompaß sind wichtig, um sich in der Wüste zurechtzufinden.

Die Pferde zuerst

Das Pferd ist bei einer weiten Reise der Mittelpunkt des Unternehmens. Das muß ganz selbstverständlich so sein, denn mit einem unglücklichen Pferd kann auch der Reiter nicht glücklich werden.

Wachsam bleiben

Bei einer Reise muß das Pferd jeden Tag lange arbeiten. Trotzdem bekommt es abends oft nicht das Futter, das es mag. Beim Pferd kann daher eine Vielzahl kleiner Probleme auftreten – Wunden durch das ständige Reiben des Zaumzeuges oder Verdauungsbeschwerden. Deshalb mußt du dich auf einer Reise besonders intensiv um dein Pferd kümmern.

Im Lager kümmert man sich zuerst um die Pferde, dann um sich selbst. An einem guten Rastplatz gibt es Gras, Wasser und Holz.

Sorgfältig untersuchen

Du hast zweimal am Tag Gelegenheit, dein Pferd gründlich zu untersuchen – am Morgen, bevor du es sattelst, und am Abend, wenn du ihm den Sattel abnimmst. Dabei mußt du dir aufmerksam seinen Rücken ansehen und die Partie, über die die Riemen laufen.

Und beobachte seine Augen. Denn der Blick kann eventuell von seinem Leiden erzählen.

Wenn du nicht verstehst, warum es nicht fröhlich ist, frage deinen erfahrenen Reisebegleiter.

Das „Werkzeug" eines Lastpferdes ist sein Rücken. Damit er nicht verletzt wird, muß man das Gepäck sehr sorgfältig befestigen und gleichmäßig auf beide Seiten verteilen.

Satteln und laufen

Gewöhnlich gehen die Reiter die erste Strecke zu Fuß, ohne die Sattelgurte fest anzuziehen. Beim Aufsatteln blasen sich die Pferde meist etwas auf. Nach einigen hundert Metern haben sie ihren normalen Rumpfumfang, nun werden die Gurte angezogen.

So endet auch der Tag, indem die Gurte zunächst etwas gelockert werden. Jetzt massiert der Sattel den Pferderücken. Da der Rücken lange Zeit von der Last des Reiters gedrückt wurde, könnte das plötzliche Einströmen des Blutes zu Stauungen führen.

Das Tränken

Der Reiter nutzt jede Gelegenheit, sein Pferd während der Reise zu tränken. Aber wenn der Magen voller Wasser ist, kann das Pferd nur langsam laufen. Man muß ihm dann Zeit lassen.

Sobald sich eine Gelegenheit bietet, läßt man das Pferd schwimmen. Es ist glücklich dabei und entspannt seinen Körper.

Futterfolge

Die Reihenfolge, in der das Pferd sein Futter frißt, muß immer beachtet werden. Zuerst wird es getränkt, dann gibt man ihm Hafer und Rüben (Kraft- und Saftfutter) und zum Schluß das Heu (Rauhfutter).

Verschiedene Tips und Tricks

Bei der Rast suchst du für dein Pferd einen Platz im Schatten und bindest es weit oben an, damit es sich in der Leine nicht verfängt. Sattel und Decke läßt du in der Sonne trocknen. Kompaß und Karte sind die Hilfsmittel eines Reiters, der sich nicht verirren will (Foto S. 145).

Ein guter Reiter muß seinen „Beruf" kennen. Aber er muß vor allem erfinderisch sein. Hier sind ein paar nützliche Hinweise. Sicher fällt dir selbst noch viel mehr ein. Man muß auf einer Reise einfach für jedes auftretende Problem eine Lösung finden.

Der helfende Schlauch

Die beste Art, eine Wunde unter dem Sattelgurt zu heilen, ist, den Kontakt mit dem Gurt zu vermeiden. Das ist nicht schwer. Leg um den Gurt ein Stück Schlauch. Der Gummi verhindert das Wundscheuern. Vor allem, wenn man noch etwas Puder aufträgt.

Dieses Hilfsmittel sieht zwar nicht hübsch aus, ist aber sehr wirksam.

Das Maul am liebsten im Futtersack

Schütte die Futterration niemals auf den Erdboden. Das Pferd würde einen Teil liegenlassen und möglicherweise Erde fressen. Davon kann es „Sandkoliken" bekommen. Gib ihm seinen Hafer auf einer sauberen Fläche, auf einer Plane beispielsweise.

Besser ist jedoch ein Futtersack. Die Pferde stecken ihr Maul gern in das Korn.

Auf die Reise kann man meist keinen Futtereimer mitnehmen. Ein Futtersack oder eine Plane tun es auch.

In der Hosentasche verstauen

Um gut ausgerüstet zu reisen, braucht man viele große und kleine Dinge. Trinkflasche, Schlafsack, Kocher, Zelt . . .

Denk auch an die vielen unentbehrlichen Kleinigkeiten: Messer, Taschentücher, Bindfaden. Du verstaust solche Dinge am besten griffbereit in deiner Hosentasche.

Hindernis-springen

Hast du schon einmal Wettkämpfe im Hindernisspringen im Fernsehen gesehen? Das Springen kann man in den meisten Reitclubs erlernen. Du mußt aber etwas Talent mitbringen, wenn du davon träumst, ein berühmter Champion zu werden.

Bei der Preisverleihung gibt es eine Medaille für den Reiter und eine Schleife für das Pferd, die häufig an der Tür der Pferdebox angebracht wird.

Der Parcours

Es gibt verschiedene Hindernisse, über die man die Pferde springen läßt, beispielsweise Oxer, Triplebarre, Mauer, Gatter und Buschhürde. Ihre Größe und ihre Anordnung hängt von der Art des Wettkampfes ab. Die Hindernisse sind aus beweglichen Teilen zusammengebaut, die herabfallen, wenn das Pferd sie berührt. In der Wettkampfbahn, dem Parcours, sind etwa acht bis fünfzehn Hindernisse zu überwinden.

Geschicklichkeit und Tempo

Der Reiter muß mit seinem Pferd die Hindernisse in vorgeschriebener Reihenfolge überspringen und so wenig Stangen oder Klötze wie möglich herunterreißen. Für jeden Fehler gibt es Strafpunkte.

Auf diesem Wettkampfgelände mit bunt bemalten Hindernissen wird gerade eine Siegermannschaft gefeiert. Sie wird danach eine Ehrenrunde reiten.

Dieses Paar springt über einen Oxer – ein breites Hindernis, das zu einem weiten Sprung zwingt. Das Pferd trägt an den Vorderbeinen Gamaschen und Eisen an allen vier Hufen. Sein linkes Vorderbein berührt eine Stange, sie bleibt aber oben.

Es reicht aber nicht aus, nur fehlerfrei zu reiten, um Sieger zu werden. Sieger ist, wer den Parcours mit den wenigsten Strafpunkten und in der kürzesten Zeit absolviert hat. Springreiter kämpfen also sowohl um Zentimeter als auch um Sekunden.

Von den Feldern auf die Wettkampfbahn

In freier Wildbahn überspringt das Pferd ein Hindernis – Graben oder Baumstamm – nur bei Gefahr oder wenn es keinen anderen Weg findet. Die Engländer waren Mitte des 18. Jahrhunderts die ersten, die das Springvermögen von Pferden nutzten. Während ihrer Hetzjagden mußten die Tiere über Zäune, Hecken und kleine Steinmauern springen, die damals die Felder umgaben. Das führte dazu, daß man die Fähigkeit der Pferde und die Geschicklichkeit der Reiter vergleichen wollte. Die ersten Wettkämpfe mit künstlichen Hindernissen wurden organisiert.

Seit 1900 ist das Hindernisspringen eine olympische Disziplin.

Auch Ponys

In fast allen Ponyclubs wird auch das Hindernisspringen trainiert. Diese Übungen können in richtige Wettkämpfe münden. Solange du aber nicht sicher im Galopp bist, solltest du nicht mit dem Springen beginnen. Hast du Talent, kannst du später an Wettkämpfen teilnehmen.

Dressurreiten

Das Dressurreiten ist mit dem Eiskunstlaufen vergleichbar. Es geht um das gehorsame Absolvieren von Pflicht- und Kürfiguren. Dabei kommt es auch auf einen guten Sitz des Reiters und möglichst unsichtbare Hilfegebung an.

Zwischen den Buchstaben

Dressurreiten kann auf dem Reitplatz oder in der Reithalle trainiert werden. Tafeln mit Buchstaben kennzeichnen bestimmte Punkte im Dressur-Viereck.

Die Reiter folgen diesen Buchstaben und führen ihre Figuren aus. Die Figuren sollen die Ruhe, die Geschmeidigkeit, das Vertrauen und die Aufmerksamkeit des Pferdes unter Beweis stellen.

Das wichtigste dabei ist, die vollendete Harmonie zwischen Reiter und Pferd zu zeigen. Dazu sind viel Fleiß und Ausdauer nötig.

Für die Besten!

Das Dressurreiten ist wie das Hindernisspringen eine offizielle Turniersport-Disziplin. Eine schwierige Disziplin, die aber auch vom Zuschauer Spezialkenntnisse verlangt. Sie kann nur von sehr gut geschulten Pferden und hervorragenden Reitern ausgeführt werden. Deshalb wird Dressurreiten auch nicht in jedem Reitclub gelehrt.

Wie von selbst

Eine Dressurvorführung ist sehr beeindruckend. Sie wird bei völliger Stille ausgeführt. So bleiben Reiter und Pferd ungestört.

Ein vollendetes Meisterpaar bewegt sich, wechselt die Gangart und vollführt Wendungen ...

Dabei scheint der Reiter dem Pferd weder Befehle noch Anweisungen zu geben.

Einige besondere Figuren beim Dressurreiten

Passage: Das Pferd trabt und hebt dabei die Füße sehr rhythmisch. Es bewegt sich so, als würde es tanzen, aber in einem langsamen Tempo.
Piaffe: Die Abläufe erfolgen wie bei der Passage, allerdings bewegt sich das Pferd dabei auf der Stelle.
Fliegender Galoppwechsel: Das Pferd läuft erst im Rechtsgalopp, springt um in den Linksgalopp und dann wieder in den Rechtsgalopp ...

Für ihre hervorragende Leistung werden Pferde nicht nur mit einer Schleife belohnt, sondern auch mit einer Extraportion Möhren.

Dominique d'Esmé, eine der besten Dressurreiterinnen Frankreichs, läßt ihr berühmtes Pferd „Fresh Wind" im Galopp eine Pirouette ausführen. Das Pferd galoppiert und dreht sich auf den Hinterfüßen.

Wie ein Tanz

Die freien Figuren werden mit Musik vorgeführt, wie beim Eiskunstlauf. Das Pferd scheint mit Geschick und Eleganz zu tanzen. Es folgt der Musik und bewegt sich im Takt – oft mit sichtbarem Vergnügen.

Jedoch erst nach vier- bis fünfjähriger Schulung erreicht es diese Sicherheit in seinen Bewegungen.

Diese Dressurreiterin verlangt von ihrem Pferd einen verstärkten Trab über die Diagonale. Es bewegt sich mit langen ausgreifenden Schritten. Das ist für einen Reiter nicht sehr bequem, er darf sich jedoch nichts anmerken lassen.

Vielseitigkeitsreiten

Das ist die dritte offizielle Disziplin des Turniersports. Sie wird auch Military genannt und verlangt von Reiter und Pferd viel Härte und Können. Die Prüfung umfaßt: Dressurreiten, Geländeritt und Springen.

Die Hindernisse beim Geländeritt sind nicht nur sehr beeindruckend, die Stangen sind darüber hinaus noch unbeweglich. Aber die geschulten Pferde wissen das genau und lassen die Füße nicht hängen, sondern überwinden die Hindernisse mit Leichtigkeit.

Auf Vielseitigkeit trainiert

Das Pferd für das Vielseitigkeitsreiten muß eigentlich alles können. Es ist ruhig und willig. Es kann die exakten Dressurfiguren ausführen. Es ist ein starker Läufer im Gelände, und es kann über Hindernisse springen. Es ist ein richtiger Draufgänger; es springt auch über die scheinbar unüberwindlichen Hindernisse der Cross-Strecke.

Mit der Stoppuhr in der Hand

Der Geländeritt findet nach der Dressur am zweiten Tag des Wettkampfes statt. Die Pferde müssen eine Strecke von bis zu 24 Kilometern auf Wald- und Wiesenwegen zurücklegen, dazu noch eine Rennstrecke von 2 000 bis 4 200 Metern und eine Querfeldeinstrecke mit Hindernissen. Besonders wichtig ist die gerittene Zeit.

Am dritten Tag erfolgt das Hindernisspringen im Parcours.

Gewaltige Anstrengungen

Beim Geländespringen muß das Pferd schwere Hindernisse überwinden. Die Stangen fallen bei einer Berührung nicht herab.

Die Hindernisse sind meist als zweifache oder dreifache Kombinationen ausgebaut: Eine Hecke kann einen Wassergraben verbergen, oder einem Sprung kann eine steile und rutschige Rampe folgen.

Das Pferd ist also auf der Querfeldeinstrecke von 4 bis 8 Kilometern gewaltigen Anstrengungen ausgesetzt.

Nur für die Besten

Die Vielseitigkeitsprüfung stellt hohe Anforderungen an Pferd und Reiter, deshalb gibt es verschiedene Schwierigkeitsgrade. Die höchsten Anforderungen kann nur ein Reiter erfüllen, der unermüdlich trainiert und zu dem das Pferd volles Vertrauen hat. Unsicherheit kann zu Unfällen führen.

Dieser Vielseitigkeitsreiter überwindet mit seinem Pferd gerade eine Hecke. Die Vorderbeine des Tieres sind mit Gamaschen und Gummiglocken geschützt.

Warmblutpferde, wie Trakehner, aber auch Englische Vollblutpferde, sind für das Vielseitigkeitsreiten geeignet.

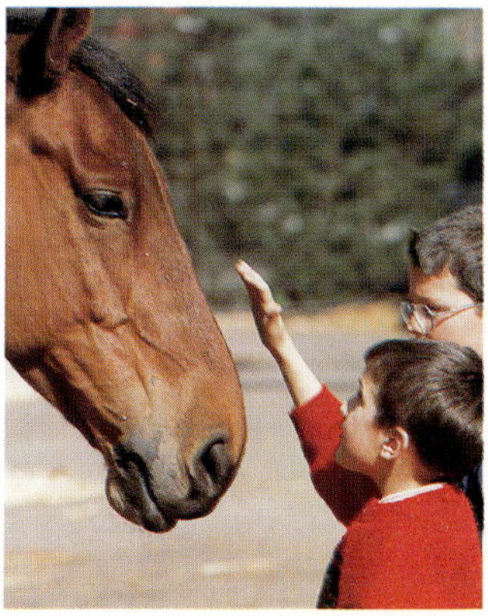

Die Welt des Rennsports

Natürlich kennst du Pferdewetten. Man kann auf Sieg oder Platz wetten. Am schwierigsten ist die Einlaufwette, hierbei muß man auf die ersten zwei oder drei Pferde in der Reihenfolge setzen.

Galopprennen überall beliebt

Die Galopprennen sind am weitesten verbreitet. Sie bleiben fast ausschließlich den Englischen Vollblutpferden vorbehalten. Dieser Pferdetyp ist universell. Die Tiere gleichen sich, ob sie nun im Gestüt Schlenderhan bei Köln oder im Gestüt New Market in Großbritannien gezüchtet wurden. Die Trainingsmethoden jedoch sind unterschiedlich. In den Vereinigten Staaten von Amerika trainiert man die Pferde vorwiegend für kurze Strecken von 1 400 oder 1 600 Metern. In Frankreich sind die Rennstrecken bis zu 3 000 Meter lang und erfordern vor allem Ausdauer. In Deutschland überwiegen die mittleren Strecken – um 2 000 Meter Länge.

Unbezahlbare Pferde

Manche Rennpferde kosten wahrhaftig ein Vermögen – Millionen. Deshalb hat ein solches Pferd oft mehrere Besitzer. Verschiedene Pferdeliebhaber tun sich zusammen, um es zu kaufen, und wissen nicht, ob ihnen nun das Maul oder der Schweif gehört.

Schon beim Training wird den Pferden beigebracht, aus den Startboxen zu galoppieren, ohne in Panik zu geraten.

Rennpferde müssen sorgfältig gepflegt werden. Diese Athleten sind nie vor einer Sehnenzerrung oder einer Muskelentzündung sicher. Große Rennställe verfügen meistens über Schwimmbecken. Während des Schwimmens erholen sich die Tiere.

Auf der Trabrennbahn

Beim Trabrennen laufen die Pferde vor einem leichten einachsigen Wagen, dem Sulky. Der Fahrer muß das Pferd zu größter Geschwindigkeit antreiben, es darf aber nicht galoppieren. Sonst wird es disqualifiziert. Bei diesem Wettkampf braucht man viel Einfühlungsvermögen, aber auch Training: Das junge Pferd – meist ein Amerikanischer oder Französischer Traber – lernt zunächst in Begleitung eines älteren, ruhig im Trab seine Runden zu drehen.

Während des Galopprennens können die Pferde eine Geschwindigkeit von bis zu 60 Kilometern pro Stunde erreichen.

Über Hecken und andere Hindernisse

Es gibt zwei Arten von Hindernisrennen: Hürden- und Jagdrennen. Die Hürdenrennen sind etwas für junge Pferde. Sie müssen auf einer Strecke von 2 500 Metern über sieben Hecken springen. Einfache Hecken sind hoch und breit und bestehen aus leichtem Strauchwerk.

Die Jagdrennen gehen über mindestens 3 000 Meter. Die Pferde müssen acht oder mehr schwierigere Hindernisse überspringen. Bei den Jagdrennen kommt es häufig zu schweren Unfällen. Das berühmteste ist das „Grand National“ in Aintree bei Liverpool.

Der Fluchtinstinkt auf der Reitbahn

Bei einem Pferderennen nutzt man den natürlichen Fluchtinstinkt des Pferdes.
Während des Rennens ist es so, als würden die Pferde vor einer vermeintlichen Gefahr fliehen. Nur wenige Pferde durchschauen das Spiel.

Ausdauer-wettkämpfe

Ausdauerreiten ist kein Rennbahnsport. Es geht nicht nur darum, schnell, sondern auch weit voranzukommen und durch jedes Gelände. Manche dieser Distanzritte erstrecken sich über 100 oder sogar 200 Kilometer – mit nur einem Pferd! Das Pferd nimmt dabei keinen Schaden, wenn es gut vorbereitet ist.

Einige Rekorde

Verschiedene Reiter haben erstaunliche Ausdauerrekorde aufgestellt. Anfang dieses Jahrhunderts ist ein deutscher Offizier in 19 Tagen 1400 Kilometer vom Elsaß nach Rom geritten – 75 Kilometer am Tag. Kommandant Godin de Beaufort und seine Stute „Mascotte“ schafften 1902 in 10 Tagen die Strecke von Amsterdam nach Wien – Tagesdurchschnitt 125 Kilometer. Solche Leistungen sind außergewöhnlich. 30 Kilometer an einem Tag zu reiten ist schon guter Durchschnitt.

Bei Ausdauerritten sind die Hufeisen besonders wichtig. Hier ein Abdruck auf kiesigem Untergrund.

Der Tierarzt ist immer dabei

Sieger beim Ausdauerreiten ist, wer als erster das Ziel erreicht. Aber nur, wenn sein Pferd in einem guten Zustand ist.

Von Anfang bis zum Ende des Wettkampfes überwachen Tierärzte die Pferde. Sie kontrollieren ihre Atmung und den Herzschlag. Wenn ein Pferd über seine Kräfte beansprucht wird, nehmen sie es aus dem Rennen. Aber das ist selten, denn ein guter Ausdauerreiter sorgt sich zuerst um sein Pferd.

Der Reiter weiß: Wenn sie am Ziel ankommen, muß es noch voll in Form sein. Gewinnen können sie nur gemeinsam.

Viel Training

Wie kann man sein Pferd auf solche Anstrengungen vorbereiten? Indem man es zu einem „Langstreckenläufer“ ausbildet. Das verlangt viel Zeit und Erfahrung. Aber es macht auch großen Spaß. Geeignet dazu sind Araber, das Quarter-Horse und andere, möglichst nicht zu große, Warmblutpferde. Im Training werden die Muskulatur, Lunge und Herz des Pferdes gekräftigt.

Bald findet das Tier Gefallen daran, sich zu verausgaben. Gern legt es immer weitere Strecken zurück. Dieses Training ist so aufregend, daß es den Reitern oft wichtiger ist als der Wettkampf selbst.

Richtig ernähren und wenig belasten

Beim Ausdauertraining wird die Leistungsfähigkeit von Pferd und Reiter allmählich gesteigert (oben).
Die Pferde laufen sowohl im Schritt als auch im Trab und im Galopp (unten).

Wie alle Athleten, die viel Kraft aufwenden, muß das Pferd gut ernährt werden. Man gibt ihm nur bestes Futter und ausgewähltes Getreide. Aber Achtung! Wenn man ihm zuviel gibt, verdirbt man seine Form. Wie die Anstrengungen muß auch die Nahrung sorgsam dosiert sein.
Man belastet es so wenig wie möglich, um es nicht so schnell zu ermüden. Bei manchen Wettkämpfen ist aber auch die Mindestlast festgelegt. Der Reiter muß selbst sehr auf seine Körpermasse achten.

Kunstreiten

Der Cadre Noir von Saumur ist die berühmteste Reitschule Frankreichs. Unter fachkundiger Anleitung von Offizieren lernen die Pferde besondere „Kunststücke", wie Courbette (Foto), Croupade und Capriole.

Zur Zeit Louis' XV. (1710 bis 1774) lebte ein großer Reitlehrer – François Robichon de La Guérinière.
Er brachte dem König das Reiten bei und schrieb mehrere Bücher. Eines davon, Die Schule der Kavallerie, gilt auch heute noch als die „Reitbibel". Oft nennt man Guérinière den Vater des Reitens.
Er hat es natürlich nicht erfunden.
Aber dank seiner Erkenntnisse ist es zu einer Kunst geworden, die meisten Prinzipien haben bis in unsere Zeit Gültigkeit.

Geschichte und Traditionen

Kannst du zeichnen? Bestimmt nicht so gut wie einst Leonardo da Vinci oder Salvador Dali.
Ebenso unterscheidet man beim Reiten einen einfachen Reiter von einem Meister, einem wahren Reitkünstler.

In den Kunsthochschulen lernt man die Geschichte der Malerei, der Bildhauerkunst oder der Architektur und natürlich malen, zeichnen oder Steine oder Metall zu bearbeiten.

Ebenso halten der Cadre Noir von Saumur in Frankreich und die Spanische Reitschule Wien die Kunst des Reitens in Ehren und fördern sie.

Der Cadre Noir

Die Geschichte dieser Reitschule begann im Jahre 1764. Damals beschloß der Kriegsminister Choiseul, in Saumur die schönste Reitschule der Welt bauen zu lassen.

Kriege und politische Ereignisse haben die besten Reiter Frankreichs oft gezwungen, Saumur zu verlassen.

Aber sie sind immer zurückgekehrt.

Heute befindet sich dort die Nationale Reitschule Frankreichs, zu der auch der berühmte Cadre Noir gehört.

Die Spanische Reitschule in Wien

Sie ist etwas älter als die Schule von Saumur. Und hier werden nur die berühmten weißen Lipizzaner-Hengste geritten.

Aber auch in der Wiener Reitschule wird das französische Reiten praktiziert, man folgt den Prinzipien von Guérinière.

Seit über 400 Jahren werden Lipizzaner gezüchtet. In Wien werden dann die Pferde an sogenannten Pilaren angebunden und ausgebildet. Das ist einzigartig.

Heute sieht man die seltenen Lipizzaner auch außerhalb der Spanischen Reitschule. Sie stammen von Andalusiern ab und sind für die Hohe Schule und das Kunstreiten wie geschaffen. Zwischen den weißen Lipizzanern läuft traditionell ein braunes Pferd.

Vorführungen voller Eleganz

Eine Vorführung des Cadre Noir oder der Spanischen Reitschule sind unvergeßliche Erlebnisse. Die Reiter sind wahre Artisten. Sie zeigen die Eleganz und die Präzision ihrer Pferde. Wie beim Ballett bewegen sich die Pferde im Takt. Wenn du Reiter bei einer Vorführung erlebst, bekommst du vielleicht Lust, eines Tages ebenso gut zu reiten wie sie.

Pferde im Zirkuszelt

Im Zirkus sieht man Clowns, Artisten, Raubtiere und Pferde. Pferde sind oft Partner von Clowns oder Balancekünstlern, ja sogar von Tigern.

Die großen Meister der Manege

Kunstreiten ist immer etwas Besonderes. Und der Zirkus ist ein Schauspiel. Berühmte Reitkünstler zeigen hier seit dem letzten Jahrhundert, was sie können. Die Zuschauer strömen in Massen, um in der Manege unter anderem auch die Kunststücke von Pferden und ihren Reitern zu bewundern.

Beispielsweise bewegen sich die Tiere im Rückwärtsgalopp auf drei Beinen. Die berühmte Reiterin der Hohen Schule, Therese Renz, hat es sogar fertiggebracht, ein Pferd Seilspringen zu lassen, sie selbst saß auf dem Pferd im Damensattel.

Erziehung und Findigkeit

Wie bringt man die Pferde dazu, solche Kunststücke auszuführen? Es ist eine Frage der Erziehung, aber auch der Auswahl. Man kann nicht von jedem Pferd verlangen, sich auf die Hinterbeine zu stellen. Wohl aber von dem, das schon einen Hang zu dieser Bewegung zeigt. Und das Pferd, das seinem Herrn den Hut stiehlt, hat sicher eine Neigung zum Naschen, vor allem, wenn in der Krempe ein Stück Zucker liegt.

Die runde Manege

Warum hat die Manege bei einem Zirkus normaler Größe immer einen Durchmesser von 13,50 Metern, das heißt einen Kreisumfang von rund 42,50 Metern? Wegen der Pferde. Aus diesen Maßen ergibt sich eine günstige Neigung des Pferdekörpers, die es einem Reiter ermöglicht, auf dem Rücken eines galoppierenden Pferdes zu stehen. Und auch vier nebeneinander laufende Pferde haben bei dieser Manegengröße ausreichend Platz für ihre Vorführung.

Kunststücke gegen die Natur des Pferdes

Allmählich entwickelte sich die Idee, Pferde auch bei anderen Zirkusnummern auftreten zu lassen. Voltigeure und Akrobaten zeigen ihre Kunststücke auf dem galoppierenden Tier. Als Partner des Clowns stiehlt das Pferd ihm seinen Hut oder zieht ihm die Hose herunter.

Es gibt sogar schon Pferde, die durch die Manege galoppieren und auf dem Rücken einen Tiger oder Löwen tragen.

Die Zirkuspferde, mit Glitzerbändern und Federbüschen geschmückt, sind aus der Mode gekommen. In vielen Zirkusunternehmen zeigt man lieber Kunststücke mit dem „nackten“ Pferd. Es gibt drei klassische Arten von Pferdenummern – das Voltigieren, die freie Dressur und die Hohe Schule.

Bartabas, ein berühmter französischer Zirkusartist, nennt seine Pferdenummer „Pferde- und Musikkabarett“. Er arbeitet mit einem erstaunlichen Tier, einem beißenden Friesen-Pferd, das ihn drohend verfolgt und ihn zum Schluß umarmt. In dieser Truppe hat jedes Pferd eine Rolle, die seinem Charakter entspricht und die es ohne Zwang ausführen kann.

Pferde vor der Kamera

Die Pferde, die du im Fernsehen oder im Kino siehst, laufen durch das Feuer, werfen sich mit ihrem Reiter zu Boden, springen von hohen Felsen herab. Sie sind scheinbar zu allem in der Lage. Die Kameramänner kennen viele Aufnahmetricks.

Mario Luraschi, ein bekannter französischer Kaskadeur, steht auf seinem sitzenden Pferd. Er hat seine Pferde sogar auf den Eiffelturm steigen lassen, und bei den Dreharbeiten für den Film „Die Gewitterreiter" ließ er ein Tier sogar in ein Boot springen.

Die Gefahr muß echt wirken

Manche Filmszenen sind wirklich aufregend. Man sieht zum Beispiel sechs Pferde, die mit ihren Reitern zusammenbrechen. Früher spielte man solche Szenen auf sehr barbarische Art und Weise. Man spannte über den Weg einen Draht, und die Tiere brachen sich wirklich die Beine . . .
Heute läuft es ganz anders ab. Die Kaskadeure lehren ihre Pferde beispielsweise, auf Kommando zu Boden zu fallen, und viele andere gefährlich aussehende Kunststücke.

Pferde als Schauspieler

Die für einen Film notwendigen Pferde werden von Kaskadeuren geritten. Das sind Spezialisten, die jedes Tier sorgsam ausgewählt und ausgebildet haben. Viele Pferde und vor allem viel Geduld und Übung gehören dazu, bis die Tiere ihre Rolle überzeugend spielen.

Von der Leinwand in die Wirklichkeit

Auf der Leinwand wird ein Reiter am Steigbügel geschleift. Es sieht gefährlich aus. In Wirklichkeit klammert sich der Kaskadeur mit einem Riemen an den Steigbügel, den er im richtigen Moment losläßt. Ein Reiter stolpert eine steile Felswand herab. In Wirklichkeit ist der Hang sehr sanft, aber die Kamera stand nicht in der Horizontalen.

Wie die Zirkusreiter versuchen Kaskadeure ständig, die natürlichen Fähigkeiten der Tiere weiterzuentwickeln. Manche Pferde können zu Boden stürzen, lachen oder beißen. Andere können einfach alles. Aber sie sind selten.

Um zum Beispiel den Film „Der schwarze Hengst" zu drehen, brauchte man mehrere Pferde. Keines war in der Lage, alles zu leisten, was das Drehbuch verlangte.

Echte Profiarbeit

Bei den Dreharbeiten bewegen sich die geschulten Pferde wie richtige Schauspieler. Man zeigt ihnen einmal, was man von ihnen erwartet, zum Beispiel zu einer bestimmten Stelle zu laufen und dort stehenzubleiben. Dann wiederholen sie die Szene allein. So oft, wie man es braucht.

In einer Großstadt wie Paris sind Pferde selten. Hier wird gerade ein Werbefilm gedreht. Die Pferde locken natürlich viele Zuschauer an.

Die Feuerprobe ist eine der schwierigsten Übungen für das Pferd. Es hat noch die Angst seiner Vorfahren vor dem Feuer im Blut.

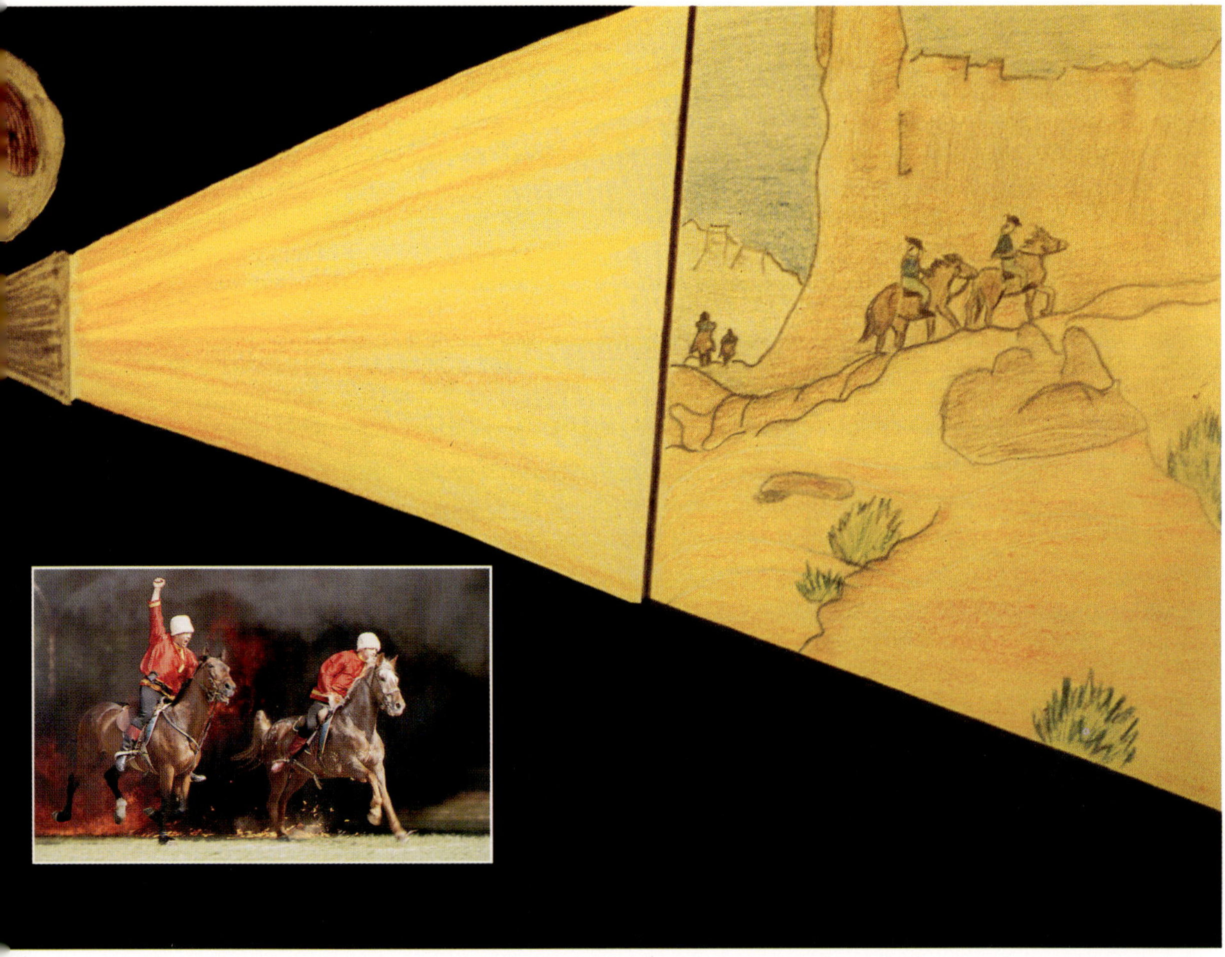

Die Leinen in der Hand

In den Vereinigten Staaten von Amerika führt man auch mit Zugpferden Wettkämpfe durch. Die Kraft dieser Belgischen Kaltblutpferde (Brabanter) ist beachtlich.

Schon seit rund 4 000 Jahren ist der einachsige Streitwagen bekannt – vor ihn wurden meist zwei Pferde gespannt.
Bis zur Erfindung des Autos reisten die Menschen in von Pferden gezogenen Kutschen. Auch die Bauern nutzten Pferdegespanne bei ihrer Arbeit. Heute ist das Kutschieren als Sport beliebt.

Hier wird ein Vierspänner durch eine Furt – ein Hindernis beim Marathon für Gespanne – gelenkt. Es bedarf großer Geschicklichkeit des Gespannführers, daß sich die vier Pferde nicht gegenseitig behindern.

Das Alter des Gespannführers ist nicht entscheidend. Man kann mit dem Fahren sehr früh beginnen, wenn man einen Erwachsenen an seiner Seite hat.

Traglasten und Zuglasten

Ein Reitpferd trägt eine Last auf dem Rücken. Ein Pferd im Gespann zieht seine Last. Das ist nichts Neues! Aber weißt du, daß das Ziehen für das Pferd weniger anstrengend ist als das Tragen?

Deshalb können Erwachsene zum Beispiel Ponys, auf denen sie niemals reiten könnten, vor einen Wagen spannen und sich ziehen lassen. Deshalb legen auch die Zigeuner mit ihren Wohnwagen Strecken zurück, die für einen Reiter kaum möglich wären – manchmal 100 Kilometer am Tag.

Ferien im Wohnwagen

Du möchtest lernen, ein Gespann zu führen. Ein guter Weg dazu sind Ferien im Wohn- oder Planwagen, der von einem Pferd gezogen wird. Der Wohnwagen ist dann ein rollendes Haus, in dem mehrere Menschen wohnen können.

Man mietet ihn mit einem Pferd, das seine Arbeit kennt. Selbst Anfänger können es ohne Mühe lenken. Auf organisierten Fahrten begleitet euch ein erfahrener Führer. Er untersucht und pflegt die Pferde jeden Abend. Solche Ferien im Wohnwagen werden sicher deine Lust auf die Arbeit mit dem Pferdegespann wecken.

Das Lenkrad – die Leinen

Der Reiter ist in unmittelbarem Kontakt mit seinem Pferd. Der Gespannführer hat nur seine Leinen, seine Stimme und das Knallen seiner Peitsche, um sein Gespann zu lenken.
Nur mit diesen Hilfsmitteln ist es nicht so einfach, die Pferde zu führen. Aber wenn man ruhig zu den Tieren spricht, hören sie auf die Stimme des Menschen.

Ferien im Wohnwagen – das ist eine gute Idee für die ganze Familie. Man fährt mit 6 Kilometern pro Stunde auf schönen Waldwegen entlang, fern von überfüllten Autobahnen und Staus. Am Abend kümmert man sich um sein Pferd und schläft im Wohnwagen – wirklich sehr erholsam.

Die Marathonwettkämpfe für Pferdegespanne sind wahre Geländeläufe mit Hindernissen. Neben dem Gespannführer sitzt ein Beifahrer. Er darf ebenfalls nicht ängstlich sein.

Welche Zukunft?

Wirst du noch mit Pferden arbeiten können? Du wirst dir sicher diesen Wunsch erfüllen können. Denn es wird immer wichtiger, die Natur zu schützen. Und nichts ist umweltfreundlicher, als mit einem Pferdegespann unterwegs zu sein.

In den Vereinigten Staaten von Amerika und in Kanada sorgen die „Chuckwagons"-Rennen (Futterwagen, die früher die Viehtreiber begleiteten) für Aufsehen. Das Besondere daran ist, daß die Vierergespanne von Vollblutpferden gebildet werden, die die Wagen in allen Gangarten geradezu durch die Gegend „fliegen" lassen.

Schönheit, Kraft und Können

Ein Wettbewerb beginnt mit der Vorstellung des Gespanns. Man beurteilt die Schönheit und Eleganz der Gesamterscheinung von Pferden, Wagen und Fahrer.

Dann folgt die Dressurprüfung mit vorgeschriebenen Figuren.

Schließlich der Marathon – ein Schauspiel, das viele Zuschauer anzieht. Furten, Rampen und Zickzackfahrten verlangen viel Können. Man weiß nicht, wen man mehr bewundern soll – die Pferde oder die Fahrer.

Letzte Prüfung – Hindernisfahrt auf dem Parcours.

Zugtiere – Helfer der Bauern

Der Traktor war ein Fortschritt, er arbeitet schneller als die Ochsen- oder Pferdegespanne vergangener Zeiten, aber weniger umweltfreundlich. Mit seiner Masse und seinen großen Rädern zerstört er die Bodenstruktur. Der Boden kann weniger Luft und Wasser aufnehmen. Auf unwegsamem Gelände setzen die Bauern aber nach wie vor ihre Zugtiere ein.

Dieser amerikanische Farmer könnte seine Pferde mit geschlossenen Augen anspannen.

Das Wagenrad ist ein wahres Kunstwerk. Es wird vom Stellmacher gefertigt.

Pferde, Landwirte und Fischer

Du kannst dir nicht vorstellen, wie viele Arbeiten noch mit Pferden ausgeführt werden. Mit schweren, kräftigen und willigen Pferden natürlich, wie Comtois, Bretone, Percheron und Süddeutsches Kaltblut. Sie werden angespannt, um die Hackmaschinen durch die Gemüsefelder oder Weinberge zu ziehen, ohne den Boden zu beschädigen. Aus dem Wald ziehen sie die gefällten Stämme bis zur Landstraße. An den Stränden werden sie beim Aufsammeln von Algen eingesetzt. Dort würde ein Traktor sofort einsinken. Und an der Küste der Normandie helfen sie beim Krabbenfangen.
Den Fischer auf dem Rücken, ziehen sie das Netz durch das brusthohe Wasser.

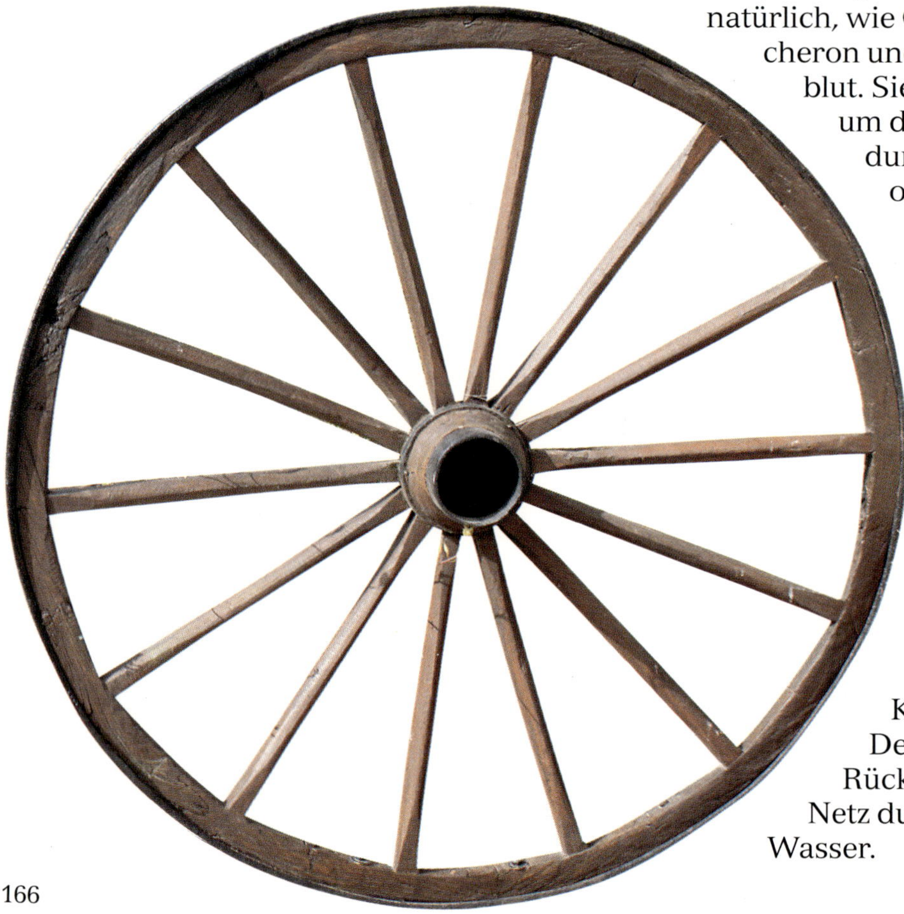

Der kostenlose Dünger

Nur wenige Bauern arbeiten noch mit Pferden – leider.
Die Fähigkeit, Pferde aufzuziehen und zu führen, ist meist schon verlorengegangen. Viele Bauern glauben auch, ein Pferd sei teurer als ein Traktor. Aber das stimmt nicht immer.

Außerdem vergessen sie den Wert der Pferdeäpfel. Ein umweltfreundlicher Dünger, der darüber hinaus auch nichts kostet.

Das Leben schützen

Wichtigste Funktion von Zugtieren – der Schutz der Umwelt. Die Waldarbeiter beginnen das zu erkennen. Sie arbeiten mehr und mehr mit Pferden, um die Stämme aus dem Wald zu ziehen.

Pferde zerstören keine Wege, sie laufen auch zwischen dichtstehenden Bäumen hindurch und hinterlassen keine tiefen Radspuren. Sie vermeiden es instinktiv, auf junge Bäume zu treten – auf alles, was lebt. Sie machen keinen Lärm. Ein anderer Vorteil: Sie belasten nicht die Luft mit Abgasen.

Dieser Bauer hat ein Comtois-Gespann, um Holz, Futter oder Getreide zu transportieren. Solche „geländegängigen“ Pferde sind viel mehr wert als ein Traktor. Mensch und Tier sind außerdem echte Freunde.

Ein eigenes Pferd

Sabine: „Schon immer bin ich in Pferde vernarrt.“ – Peter: „Sobald ich das Wort Pferd höre, werde ich fröhlich.“ – Stephanie: „Das Pferd ist der Mittelpunkt meines Lebens.“
Wenn er ein Pferd hätte, würde Sebastian es hegen und pflegen, damit es glücklich ist; Clemens würde mit ihm spielen und ihm alle Geheimnisse erzählen; für Theo wäre es der beste Freund, und bei Dominique würde es das Leben ausfüllen . . .

Würdest du auch gern ein Pferd haben? Aus denselben Gründen? Aus anderen? Das ist vielleicht möglich.
Aber ein Pferd muß man sich verdienen.

Ein Pferd muß man sich verdienen!

Du möchtest gern ein Pferd haben? Das ist gut, aber der Wunsch allein reicht nicht aus. Wenn man ein Pferd besitzt, ist man für sein Wohlergehen verantwortlich.

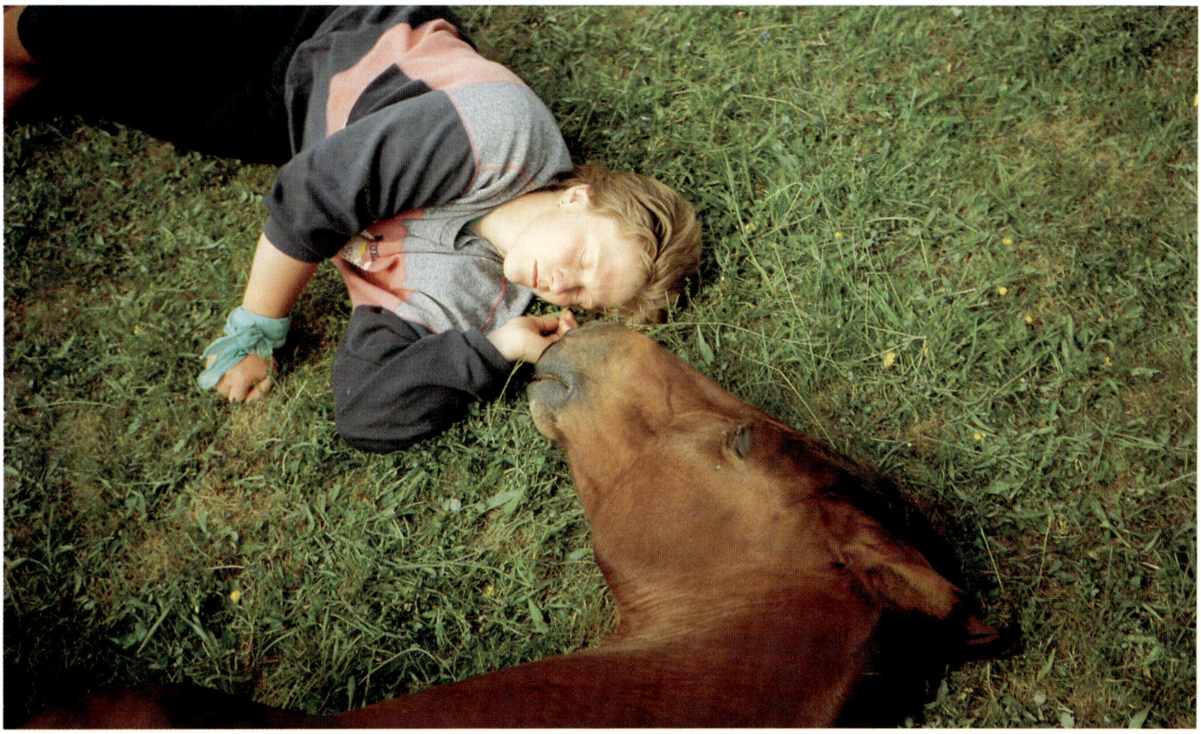

Traumgespräch: „Eines Tages werde ich mein eigenes Pferd haben." Ja, und dieses Pferd, wenn es sprechen könnte, würde zu mir sagen: „Willkommen in meinem Reich der Freiheit. Aber nur unter einer Bedingung: Von Montag bis Sonntag, von Januar bis Dezember, ob es regnet oder schneit, ein Teil deiner Zeit muß mir gehören."

Bedingungen

Ein Pferd braucht mehr Platz als eine Katze oder ein Hund, und es braucht auch viel mehr Futter. Wenn du ein eigenes Pferd haben willst, mußt du eine Weide, einen Stall und die Zeit haben, es zu füttern und zu pflegen. Erwähnt werden muß auch das Geld für das Futter, den Tierarzt oder den Hufschmied.

Aber auch wenn du all das hast, es gibt noch etwas sehr Wichtiges – deine Familie muß wirklich einverstanden sein.

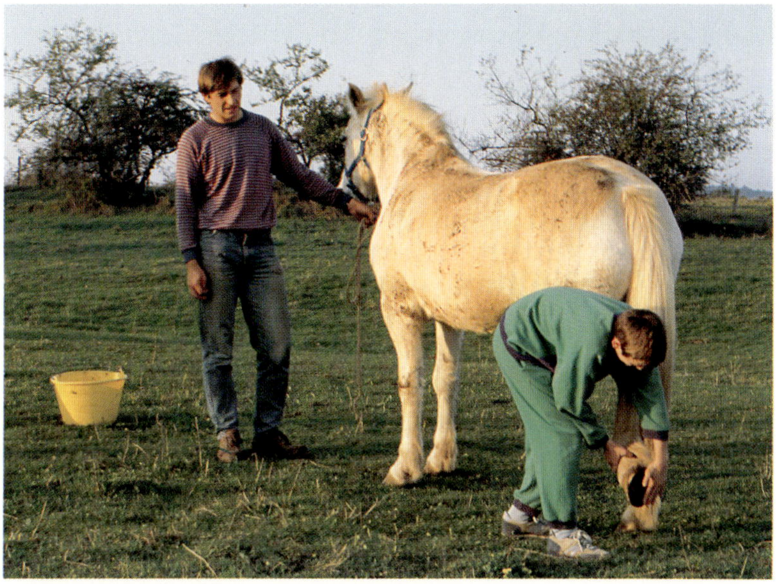

Wenn deine Leidenschaft ansteckend genug ist und die ganze Familie die „Pferdekrankheit" bekommt, ist der Kauf eines „Familienpferdes" nicht mehr fern.

Die Fragen

Deine Eltern sind vielleicht nicht sofort einverstanden. Sie werden gewiß viele Gründe finden, um dich von deinem Wunsch abzubringen. Sie werden dir erzählen, wieviel Platz ein Pferd braucht und wie teuer es ist. Sie werden befürchten, daß du dir für dein Pferd nicht mehr Zeit nimmst als für deine Hausaufgaben. Sie werden sich fragen, ob du in der Lage bist, es gut zu pflegen.

Sie versuchen auch herauszubekommen, ob es nicht nur eine Laune ist. Ob du nicht bald davon genug hast, dich um das Tier zu kümmern. Denn ein eigenes Pferd zu besitzen, das bedeutet auch, viel Arbeit zu haben.

Verantwortung

Auf fast alle diese Fragen gibt es Antworten. Wenn du deine Eltern überzeugen willst, daß du solch eine Verantwortung übernehmen willst, kannst du gute Argumente haben.

Du mußt beweisen, daß du erwachsen genug bist, dich um dein Pferd zu kümmern. Daß du eine Koppel bauen kannst, billiges Futter findest, sparsam bist . . .

Wenn es dir nicht gelingt, deine Eltern zu überzeugen, sei nicht traurig. Ein Pferd muß man sich verdienen. Du wirst es später bekommen.

Eine Art der Überzeugung

Sylvia wollte ein Pferd haben. Ihre Eltern waren nicht einverstanden. Also fing sie an, sich jeden Tag um das Pony ihrer Freundin zu kümmern. Trotzdem hatte sie weiter gute Noten in der Schule. Sie zeigte Verantwortung. Nach 2 Jahren kaufte ihr die Großmutter schließlich das Pony ihrer Träume. Sylvia hätte durch ihre Haltung gezeigt, daß ihr Wunsch nicht nur eine Laune war, sondern daß sie in der Lage war, für ein Pferd zu sorgen und Opfer zu bringen.

Für ein Pferd muß man mehr Zeit und Geld aufwenden als für einen Hund.

Das Pferd unterbringen

Wenn du in der Stadt wohnst, ist es schwierig, dort ein Pferd unterzubringen. Du könntest es natürlich bei einem Reiterzentrum in Pension geben, aber das ist teuer. Außerhalb der Stadt findet man billigere Lösungen. Dafür ist das Pferd aber weit weg, und du kannst es nur selten sehen. Auf dem Lande ist alles einfacher.

Dieses Araber-Vollblut-Fohlen lebt auf einer Weide. Aber es hat auch eine Unterstellmöglichkeit, um sich gegen Wind, Regen oder Sonne zu schützen.

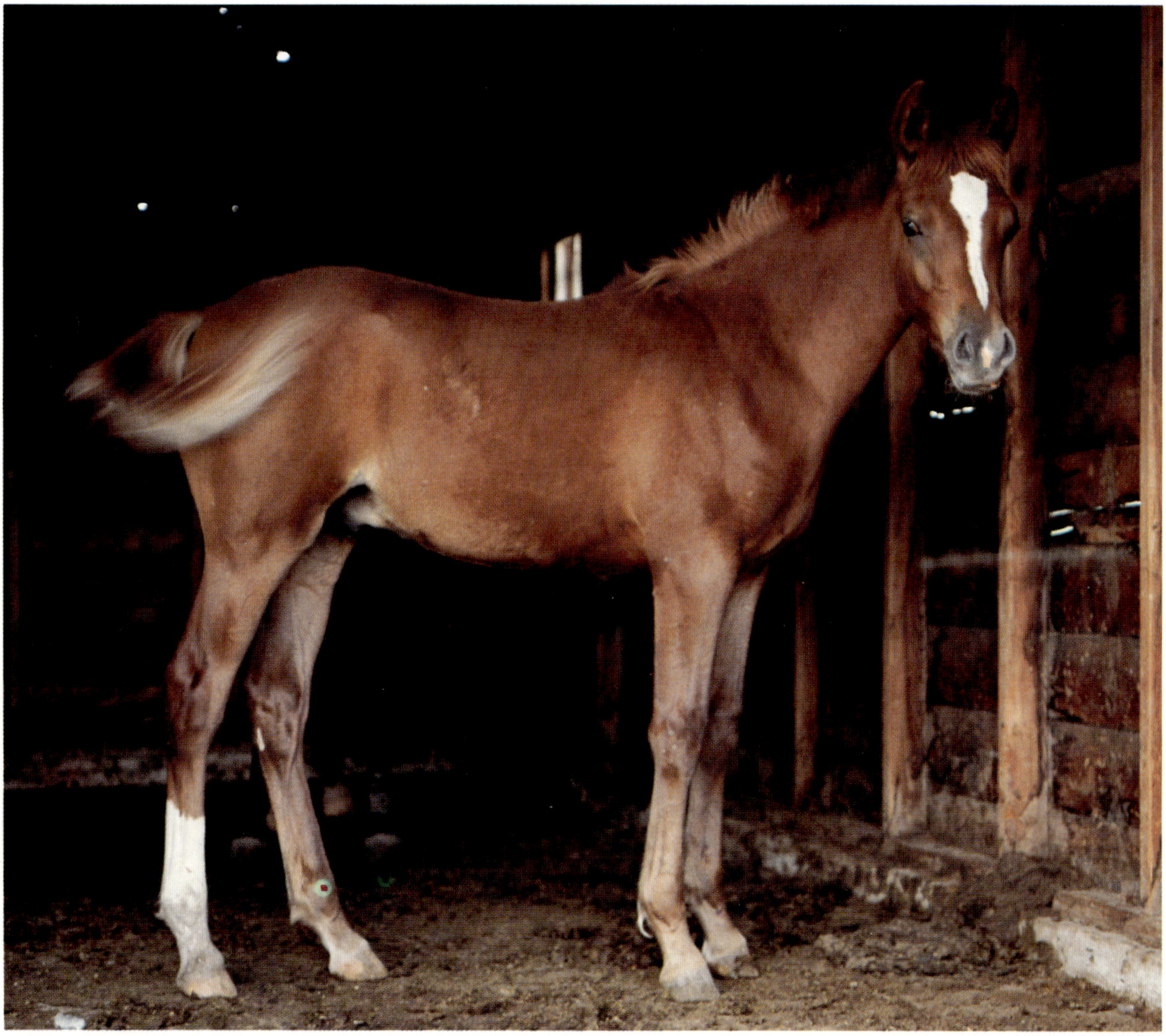

Auf der Weide

Vielleicht hat deine Familie, ein Nachbar oder ein Freund ein Stück Land, um das du einen Zaun bauen kannst.

Sieh dich um. Du findest nichts? Dann muß man daran denken, von der Gemeinde oder einem Dorfbewohner eine Wiese zu pachten. Das klappt auch nicht? Es gibt noch eine andere Lösung – einen Schaf- oder Rinderzüchter zu suchen, der dir erlaubt, dein Pferd mit seiner Herde weiden zu lassen. Das ist für alle von Vorteil. Denn das Pferd frißt auch die Gräser, die die anderen Tiere stehenlassen.

Die Wiese wird also gleichmäßig abgeweidet. Außerdem ist das Pferd gern mit Kühen oder Schafen zusammen, wenn es allmählich an diese Gefährten gewöhnt wurde.

Im Stall

Das ganze Jahr, sogar mitten im Winter fühlt sich das Pferd draußen wohler als im Stall. Wenn du aber nicht weißt, wo du es im Freien lassen sollst, kannst du es auch im Stall unterbringen.

Es ist fast immer möglich, einen alten, ungenutzten Viehstall zu finden. Du kannst ihn selbst ausbauen, aber nicht irgendwo und irgendwie. Natürlich darf es für das Tier keine Gefahr geben, sich zu verletzen, sich zu langweilen oder krank zu werden.

Verlaß dich auf dich selbst

Du willst ein Pferd haben. Vergiß nie, daß du allein dafür verantwortlich bist. Erwarte nicht, daß deine Eltern eine Weide suchen. Hoffe nicht, daß dir Großvater einen Stall baut. Bitte um Rat, aber versuche vor allem, mit den Problemen allein fertigzuwerden. Kümmere dich um alles, was nötig ist. Benutze die Säge und den Hammer. Vielleicht hilft dir jemand, wenn er dich so eifrig bei der Arbeit sieht.

Je besser du dein Pferd kennenlernst, um so vertrauter kannst du mit ihm umgehen. Du kannst ihm von deinen Sorgen erzählen – es hört dir aufmerksam zu.

Ponys fühlen sich auch im Winter im Freien sehr wohl.

Der Inhalt der Sparbüchse

Sicher hat man dir gesagt: Ein Pferd ist teuer, beim Kauf und im Unterhalt. Das stimmt manchmal – aber nicht immer. Wenn du wirklich ein Pferd haben willst, liegt es an dir, das Geld aufzubringen.

Manchmal sogar umsonst

Manche Pferde kosten Millionen. Aber andere kaum mehr als deine Stereoanlage. Man kann sie sogar umsonst bekommen.

Manchmal suchen Tierschutzvereine nach Unterbringung für ein Pferd, das von seinem Besitzer schlecht behandelt wurde. Sie geben es ab, wenn sie sicher sind, daß es ihm bei dir gut gehen wird.

Der Kostenplan

Was braucht man, um ein Pferd zu unterhalten?
Eine Weide kostet Pacht oder Steuern; Futter – das ganze Jahr, wenn das Pferd im Stall lebt, nur im Winter, wenn es im Sommer auf der Weide ist; Kraftfutter, je nach seiner Arbeit, außerdem Medikamente (Wurmmittel, Vitamine); Hufeisen, Halfter, Zaumzeug.

Unvorhergesehene Ausgaben, zum Beispiel für eine Krankheit, bei der man einen Tierarzt holen und bezahlen muß, solltest du auch einplanen.

All das macht die Jahreskosten aus.
Sie können je nach Situation und Pferd sehr unterschiedlich ausfallen. Du mußt sie also für die Bedürfnisse deines Pferdes berechnen. Wie?

Du kannst dich bei anderen Pferdebesitzern erkundigen. Den Futterhändler, den Hufschmied oder den Direktor des Reiterzentrums fragen. Wenn du freundlich bittest, findest du sicher jemanden, der dir beim Aufstellen eines Finanzplanes hilft.

Das Sparbuch

Wie kommt man zu Geld, um ein Pferd kaufen und unterhalten zu können? Indem du dir ein Sparbuch anlegst. Sei sparsam und wünsche dir anstelle von Geschenken nur noch Geld. Bitte auch deine Eltern, dir das Geld zu geben, das sie vorher für deine Reitstunden im Reiterzentrum bezahlt haben (wenn man sein eigenes Pferd hat, kostet das Reiten nichts). Laß dir immer etwas einfallen. Das Futter wird billiger, wenn du den Bauern bei der Arbeit hilfst. Du kannst das Getreide auch direkt bei der Genossenschaft kaufen. Wenn du dein Pferd wirklich liebst, wirst du tausend Wege finden, ihm ein gutes Leben zu sichern.

Viel Selbstbeherrschung ist nötig, um mit dem Geld aus deiner Sparbüchse sorgsam umzugehen.

Die Wahl des Gefährten

Alles ist bereit, dein Pferd zu empfangen: Du kannst es unterbringen, füttern, pflegen. Dann ist es Zeit, deinen vierbeinigen Gefährten auszusuchen.

Wenn du ein krankes oder ein falsch behandeltes Pferd kaufst, mußt du dir von einem Tierarzt bestätigen lassen, daß sein Gesundheitszustand bei guter Pflege wieder völlig normal wird.

Bevor du sagst: Das ist es!, berate dich mit einem Pferdekenner – einem erfahrenen Reiter, einem Reitlehrer oder einem Pfleger. So vermeidest du folgenreiche Fehler.

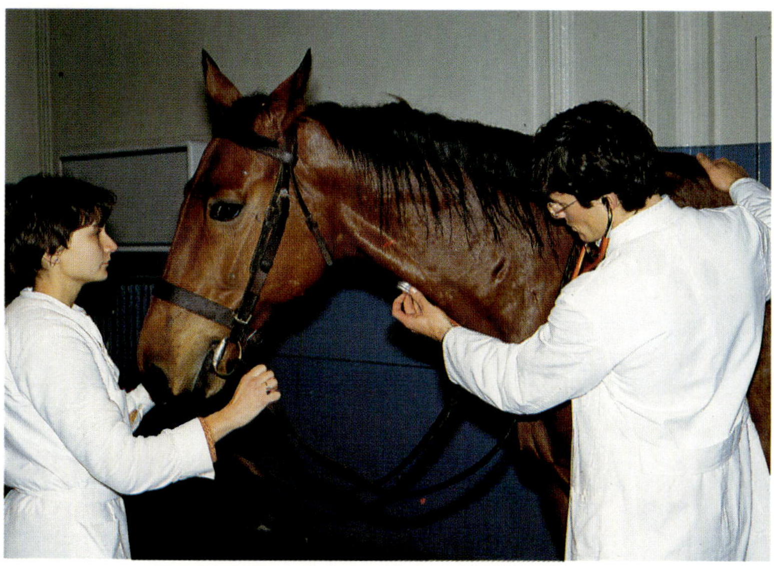

Nur der Tierarzt oder ein Pferdewirt kann einschätzen, ob das Tier deiner Wahl gesund ist und keine verborgenen Mängel oder Fehler hat.

Keine vorschnelle Entscheidung

Hüte dich vor einem unüberlegten Kauf. Du entdeckst ein Pferd, dessen Blick, die Farbe, das Feuer oder die Ruhe dir gefallen. Dieses Pferd willst du haben! Sein Preis ist annehmbar, und du bist zum Kauf bereit. Bedenke: Ist es auch die Rasse, mit der du das machen kannst, was dir vorschwebt – ein Pony, Klein- oder Großpferd? Kannst du ihm die entsprechende Pflege bieten – Stall oder Weide? Ist es eine Stute, ein Wallach oder ein Hengst? Wie alt ist es?

Die Meinung des Fachmannes

Wenn es auf der Weide leben soll, brauchst du ein robustes Pferd, das an das Leben im Freien gewöhnt ist, das Regen und Wind verträgt. Das ist nichts für ein Pferd, das bisher nur im Stall gelebt hat. Ein gutes Pferd für weite Ausflüge ist nicht immer für das Hindernisspringen geeignet und umgekehrt.

Du mußt bei deiner Wahl auch den Charakter des Pferdes berücksichtigen. Aber wie willst du beurteilen, ob es das richtige Pferd für deine Ansprüche ist? Am besten fragst du jemanden um Rat. Ein guter Fachmann wird dir bei der Entscheidung helfen.

Entscheide dich nicht für ein Pferd, weil es so hübsch tänzelt oder ein schönes Fell hat, wie dieser Palomino-Paint. Begutachte auch den Körperbau, den Charakter, die Bewegungen und den Ausbildungsstand.

Ein denkwürdiger Tag

Denkst du schon an die Ankunft deines Pferdes? Ein großer Tag. So wichtig, daß sich manche Menschen ihr ganzes Leben lang daran erinnern. Sie wissen sogar noch die Stunde und die Minute.

Die „Kaufvisite“

Auch die Meinung des Tierarztes ist sehr wichtig. Man sollte nie ein Pferd kaufen, ohne es vorher untersuchen zu lassen. Wenn die „Kaufvisite“ positiv ausfällt, kann das Pferd bei dieser Gelegenheit gleich geimpft werden. Vergiß nicht, dir ein tierärztliches Gesundheitsattest aushändigen zu lassen.

Selbstverständlich sind deine Eltern beim Kauf des Pferdes dabei, und ihr achtet darauf, daß ihr einen Kaufvertrag erhaltet und die gültigen Papiere des Pferdes.

Es ist da!

Du wirst lernen, dein Pferd nach der Arbeit abzuspritzen. Wenn du den Wasserstrahl von unten nach oben führst, unterstützt du den Blutkreislauf.

Erfahrene Reiter pflegen zu sagen: Je mehr man über ein Pferd erfährt, um so mehr stellt man fest, daß man es nur schlecht kennt. Selbst mit 80 Jahren wissen sie noch nicht alles. Du hast also viel und lange zu lernen . . .

Die Stimmung

Man ist selten wirklich gesund, wenn die Stimmung nicht in Ordnung ist. Das trifft sowohl auf uns Menschen als auch auf die Pferde zu. Damit dein Pferd immer guter Laune bleibt, solltest du ihm viel Gesellschaft bieten. Es ist auch gern mit anderen Tieren zusammen, mit Ziegen beispielsweise.

Unverzichtbar im Stall wie auf der Weide – der Salzstein, an dem die Pferde hin und wieder lecken.

Vorsicht ...

Vorbeugen ist besser als heilen. Deshalb sollte die Vorsorge, Krankheiten und Unfälle zu vermeiden, an erster Stelle stehen.

Sei aufmerksam und vorausschauend.

Flaschen und Drähte auf der Weide sind gefährlich. Das schwitzende Pferd, im Schatten oder unter Zugluft festgebunden, kann sich erkälten wie der Mensch.

Frisches Stroh in der Box ist gesünder als ein Haufen Pferdeäpfel, auf dem sich die Fliegen tummeln. Klingt doch ganz einleuchtend.

... und Beobachtungsgabe

Nichts, was dein Pferd macht oder was mit ihm geschieht, darf dir entgehen. Entdeckst du etwas Ungewöhnliches, mußt du sofort nach der Ursache suchen und diese beseitigen.

Du verstehst nicht, warum das Pferd ausschlägt? Warum es keinen Appetit hat? Warte nicht. Führe es gleich jemandem vor, der Erfahrung hat, oder rufe den Tierarzt, auch wegen einer Kleinigkeit. Besser, er kommt einmal umsonst, als daß sich eine ernste Krankheit entwickelt und das Pferd leidet.

Du siehst, es ist einfach. Wenn du dein Pferd gern hast, wirst du dich immer um sein Wohlergehen bemühen.

Anzeichen und Heilmittel

Hier werden einige Auffälligkeiten genannt, die du entdecken könntest. Das Pferd frißt von der Erde: Es fehlt ihm an Salz, muß also immer einen Salzblock in Reichweite haben.

Es reibt den Schweif an der Wand oder einem Baum: Es hat wahrscheinlich Würmer. Man sollte zweimal im Jahr eine Wurmkur durchführen.

Sein Fell wird stumpf: Das ist ein Krankheitszeichen, nur der Tierarzt kann die Ursache finden.

Wenn du viel mit deinem Pferd zusammen bist, wirst du Dutzende solcher Feststellungen machen.

Allmählich lernst du ihre Bedeutung. Dann wirst auch du ein echter Experte.

Hartes Brot zu knabbern ist für die Pferde ebenso gesund wie das tägliche Putzen mit der Kardätsche.

Kontrolliere sorgfältig den Widerrist deines Pferdes. Diese weißen Stellen (Foto) stammen von einem scheuernden Sattel.

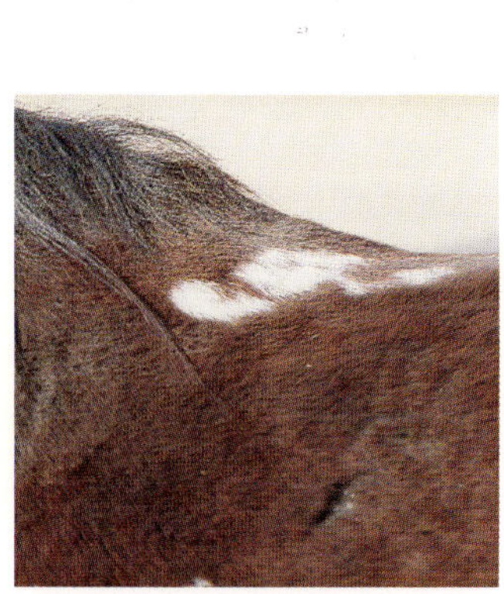

Ausreichend füttern und tränken

Naschereien

Ein Pferd richtig zu ernähren heißt vor allem, ihm unverdorbenes und sauberes Futter zu geben, sonst kann es krank werden. Von staubigem Heu zum Beispiel bekommt es Atmungsstörungen und Husten.
Zu einer guten Ernährung gehört manchmal auch eine kleine Leckerei. Nichts ist besser als Möhren. Davon kann es nie genug bekommen.

Reitpferde, Jungpferde und auch Fohlen müssen immer eine Ration Kraftfutter bekommen.

Das Wildpferd frißt fast ausschließlich Gräser und Blätter. Liegt im Winter der Schnee zu hoch, zehrt es von seinen Körperreserven. Meist scharrt es sich aber Gräser frei.
Es hat es nicht so gut wie dein Gefährte, dem du täglich Futter, Wasser und „Streicheleinheiten" bringst.

Kraft-, Saft- und Rauhfutter

Hafer, Getreideschrotmischungen, Möhren, Runkelrüben, Gras, Klee, Luzerne, Heu und Stroh fressen Pferde gern.

Das Getreide ist das Kraftfutter, es spendet viel Energie. Rüben sind das Saftfutter, frisches Gras das Grünfutter und Heu und Stroh das Rauhfutter. Die jeweilige Menge der Futtersorten hängt von der Rasse und der Beanspruchung des einzelnen Pferdes ab.

In freier Wildbahn sind die Tiere täglich 10 Stunden mit Fressen beschäftigt. Im Stall fressen sie ihr Futter in etwa 2 Stunden.

Um die natürliche Freßzeit zu erreichen, sollte man den Pferden Knabberhölzer geben, sonst benagen sie die Boxen, Krippen oder Gatter. Das sind die sogenannten Untugenden des Pferdes.

Futter nach Maß

Man muß schon eine Weile probieren, ehe man die ausgewogenste Futterration für sein Pferd festlegen kann.

Reitpferde, die den ganzen Tag über genutzt werden, füttert man dreimal täglich. Sie erhalten insgesamt etwa 10 Kilogramm Kaftfutter und ebensoviel Rauhfutter. Ein Shetland-Pony frißt 2 bis 3 Kilogramm Saftfutter und dieselbe Menge Rauhfutter. Muß es viel arbeiten, bekommt es zusätzlich 2 Kilogramm Getreide als Energiespender.

Wieviel Wasser?

Jedes Pferd muß ausreichend saufen – mehrmals täglich. Wieviel Wasser es braucht, hängt wiederum von seiner Größe und seiner Arbeit, aber auch von der Temperatur ab.

Den größten Durst haben Pferde, wenn sie Getreide, Heu und Stroh erhalten. Sie sollten dann vor dem Füttern getränkt werden.

Kleinpferde benötigen dann bis zu 10 Liter Wasser täglich, ein Großpferd etwa 30 Liter.

Dein Pferd liebt Äpfel, aber es darf nicht zuviel davon fressen. Wenn es auf der Weide bleibt, braucht es manchmal zusätzlich etwas Stroh. Eine Haferration gehört auf jeden Fall dazu.

Mit dem Pferd beim Hufschmied

Zur Pflege des Pferdes gehören nicht nur das tägliche Füttern und Putzen, sondern auch eine spezielle Hufpflege. Nur wenn die Hufe gesund sind, kann es richtig laufen.
Der Hufschmied besorgt das Beschlagen der Hufe. Seine Arbeit verlangt viel Können und Tierliebe.

Hammer und Hufnagel.

Jeden Tag solltest du, wenn du die Füße deines Pferdes hebst, um sie mit dem Hufkratzer zu reinigen, zu bürsten und vielleicht auch einzufetten, die Hufeisen kontrollieren. Man muß die Hufe alle 6 Wochen neu beschlagen, wenn die Hufe zu lang, die Eisen abgenutzt sind oder die Nägel locker sitzen.

Die Hufe des Pferdes

Die Hufe des Pferdes bestehen aus Horn. Jeden Monat wächst es ungefähr einen Zentimeter nach. Bei Pferden in freier Wildbahn wächst ebensoviel Hufhorn nach, wie sich am Tragrand abnutzt. Wenn die Hufe zu lang werden, suchen die Tiere harte, rauhe Böden.

Die meisten Hauspferde, ob sie nun geritten oder vor einen Wagen gespannt werden, müssen beschlagen werden. Bei ihrer Arbeit würde sich sonst das Horn sehr schnell abnutzen. Lahmheit der Tiere wäre die Folge.

Verschiedene Hufeisenformen

Früher schmiedete der Hufschmied seine Eisen selbst. Heute werden sie industriell hergestellt. Sie haben Nummern entsprechend ihrer Größe – nicht alle Pferde haben die gleichen Hufgrößen und -formen.

Nachdem der Hufschmied die alten Eisen abgenommen hat, entfernt er das nachgewachsene und störende Hufhorn mit einem Hufmesser und glättet die Schnittstellen mit einer Raspel.

Anschließend wird das angepaßte Eisen mit Hufnägeln befestigt.

Manchmal ist es auch nur nötig, die Hufstrahlen auszuschneiden, ohne die Hufeisen wechseln zu müssen.

Heiß- oder Kaltbeschlag

Es gibt zwei Möglichkeiten, ein Pferd zu beschlagen – den Heiß- und den Kaltbeschlag. Nachdem der Hufschmied nachgewachsenes Horn mit dem Hufmesser entfernt hat, drückt er beim Heißbeschlag das vorher bearbeitete rotglühende Hufeisen auf den Huf des Pferdes, damit es sich einbrennt. Wenn es richtig sitzt, wird es in Wasser abgekühlt und mit Hufnägeln befestigt. Beim heute gebräuchlicheren Kaltbeschlag wird der Huf dem Eisen mit Messer und Raspel angepaßt.

Gefährliche Hufschläge

Manchmal streiten sich die Pferde. Sie schlagen aus und versetzen sich Tritte. Wenn sie nicht beschlagen sind, ist das nur selten gefährlich. Mit Hufeisen jedoch können diese Tritte zu Wunden und Blutergüssen führen. Deshalb muß man darauf achten, niemals zwei beschlagene Pferde, die sich nicht verstehen, zusammen auf einer Weide zu halten.

Dieser Hufschmied arbeitet nach englischer Art ohne Gehilfen. Er ist gerade dabei, das Hufeisen abzunehmen. Seine Lederschürze schützt ihn vor Verletzungen. Es kommt durchaus vor, daß er bei der Hufpflege mit seinem Hufmesser abrutscht. Hilft ihm ein Geselle und hält das Bein des Pferdes fest, beschlägt der Hufschmied Pferde nach französischer Art.

Ein Fohlen aufziehen

Manche Besitzer von Freizeitpferden möchten gern, daß ihr Pferd ein Fohlen zur Welt bringt, das sie dann auch selbst aufziehen. Vielleicht wollen sie es auch später verkaufen.

Mit diesem Wunsch begeben sie sich auf das große Gebiet der Pferdezüchtung, das sehr viel Wissen und Verantwortung voraussetzt. Der beste Weg ist, sich einem Zuchtverband anzuschließen. Hier wird man sachkundig beraten und bekommt zuchttaugliche Hengste vermittelt.

Die zuchttaugliche Stute

Wenn dein Reitpferd eine zuchttaugliche Stute ist, so kann sie – wenn sie von einem Zuchthengst gedeckt wurde – trächtig werden.

Du möchtest gern, daß deine Stute ein Fohlen zur Welt bringt. Vor dem Kauf deines Pferdes sollte deine Familie das bereits bedenken.

Wichtige Fragen

Erste Frage, ob eine Stute ein Fohlen zur Welt bringen kann, ist die nach ihrem Alter. Zuchtreif sind Stuten ab drittem Lebensjahr. Manche werden aber noch mit 20 oder 25 Jahren trächtig.

Wenn du dir von deiner Stute Fohlen wünschst, solltest du einen Tierarzt nach seiner Meinung fragen. Hast du aber erst die Absicht, ein Pferd zu kaufen, solltest du die Frage gleich bei der „Kaufvisite" stellen. Auch das muß also vorher bedacht werden.

Alles bedenken

Ein Fohlen zu haben ist sicher sehr schön. Aber es ist auch eine zusätzliche Verantwortung. Man muß ernsthaft darüber nachdenken, bevor man sich darauf einläßt.

Reicht die Unterkunft der Stute für zwei Tiere? Hast du genug Zeit, dich auch noch um das Fohlen zu kümmern? Hast du auch genug Geld, um zwei Tiere zu unterhalten? Wenn du diese drei Fragen nicht positiv beantworten kannst, solltest du diesen Wunsch lieber aufgeben oder verschieben.

Auf das Reiten verzichten?

Die Trächtigkeitsdauer beträgt bei Stuten im allgemeinen 336 Tage. Bis 6 Wochen vor dem Abfohltermin kann die Stute noch geritten, aber nicht mehr stark belastet werden. Auch jetzt braucht sie aber täglich leichte Bewegung, zum Beispiel an der Longe.
Ist das Fohlen geboren, wird es gesäugt. Das Absetzen erfolgt mit etwa 6 Monaten. Auch nach dem Abfohlen kann man die Stute bald wieder reiten. Mutter und Kind gewöhnen sich schnell an die kurzen Trennungszeiten, oder man läßt das Fohlen nebenherlaufen.

Altersbestimmung nach den Zähnen

Stuten haben sechsunddreißig Zähne (Schneide-, Eck- und Backenzähne). Bei den Hengsten werden außerdem noch vier Hakenzähne ausgebildet, die bei den Stuten meistens fehlen. Nach dem Zahnwechsel (im 5. Lebensjahr abgeschlossen) kann man anhand der Abnutzung der Schneidezähne im Oberkiefer das Alter der Tiere ziemlich sicher bestimmen.
Die sogenannten Kunden – die Abriebstellen – geben darüber Auskunft.

Bei der Pferdezucht sollen die guten Eigenschaften einer Rasse weitergegeben werden. Bei den Andalusiern bedeutet das beispielsweise: edles Äußeres.

Der passende Hengst

Die Paarung

Die meisten Züchter sind bei der Paarung oder dem Deckakt von Stute und Hengst dabei. Sie führen die Tiere an einen ruhigen Deckplatz. In freier Wildbahn wird die rossige (paarungsbereite) Stute von einem Hengst umworben, bevor er die Auserwählte deckt.

Ein guter Charakter wird ebenso vererbt wie der schöne Kopf dieses Araber-Vollblut-Hengstes.

Man möchte vor allem, daß das Fohlen seiner Mutter ähnelt, vielleicht sogar noch schöner ist und noch bessere Eigenschaften als Reittier oder für eine andere gewünschte Nutzungsart hat.
Das hängt ebenso vom zukünftigen Vater ab. Die Zuchtverbände wissen, welche Hengste die gewünschten Eigenschaften haben und als Zuchttiere zugelassen sind.

Eine Mischung ohne Garantie

Es gibt nur wenige Pferde, die ohne Fehler sind. Der Rücken der Stute kann etwas zu lang sein, der Hals zu kurz oder die Glieder etwas zu plump. Dann muß man einen Hengst finden, der diese Fehler ausgleichen kann: Er wird also einen kurzen Rücken, einen langen Hals und feine Glieder haben. Ebenso verfährt man, wenn man sich ein Fohlen wünscht, das eine kräftigere Hinterhand haben soll und das schwerer oder leichter als die Mutter ist. Man sucht einen Hengst mit den entsprechenden Eigenschaften.

Leider ergibt diese „Mischung" nicht immer das gewünschte Resultat. Oft sieht das Fohlen ganz anders aus, als man erwartet hatte.

Dieser Appaloosa-Hengst deckt eine Pony-Stute. Welche Größe und welches Haarkleid wird wohl das Fohlen haben?

Der Charakter

Ein schönes Fohlen ist viel wert. Wenn es auch freundlich ist, noch mehr. Wenn man den Hengst findet, der äußerlich die gewünschten Eigenschaften hat, muß man sich auch nach seinem Charakter erkundigen. Ein guter Charakter kann ebenso vererbt werden wie eine schöne Kopfhaltung. Es ist aber nicht sicher.

Die Zuchtbücher

Die Zuchtvereine der einzelnen Pferderassen führen Zuchtbücher. Dort werden die zur Zucht zugelassenen Pferde eingetragen – Stutbücher für die Stuten, Hengstregister für die Hengste („Nützliche Adressen“ S. 218). Je nach Qualität der Tiere erfolgt die Eintragung in das Vorbuch, Stammbuch oder Hauptstammbuch.

Jeder Züchter ist natürlich stolz, seine Pferde im Hauptstammbuch zu haben.

Ein Stutenbesitzer meldet ein neugeborenes Fohlen bei seinem zuständigen Zuchtverein zur Eintragung an. Er erhält einen Abstammungsnachweis, der beim Verkauf des Tieres dem neuen Besitzer ausgehändigt werden muß.

Dieser wundervolle amerikanische Morgan-Horse-Hengst ist zur Zucht zugelassen. Die Rasse wird bereits seit 150 Jahren typtreu gezüchtet.

Die Zeit vor der Geburt

Wenn eine Stute vom Hengst unbeobachtet gedeckt wurde, kann man den Tag der Geburt des Fohlens nur schwer bestimmen.

Ist die Stute trächtig, muß man etwa 336 Tage auf die Geburt des Fohlens warten. In dieser Zeit mußt du dich besonders um das Wohlergehen deiner Stute kümmern.

Um den Geburtstermin zu erfahren, kann der Tierarzt eine Ultraschalluntersuchung vornehmen.

Die tierärztliche Kontrolle

Etwa 3 Wochen nach der Bedeckung kann der Tierarzt feststellen, ob die Stute trächtig ist oder nicht. Dafür gibt es verschiedene Methoden: Urin- und Blutanalysen, Ultraschall oder auch nur Abtasten. Diese Untersuchungen sind wichtig, denn wenn die Eizelle der Stute nicht von einer Samenzelle des Hengstes befruchtet wurde, muß man die Paarung wiederholen.

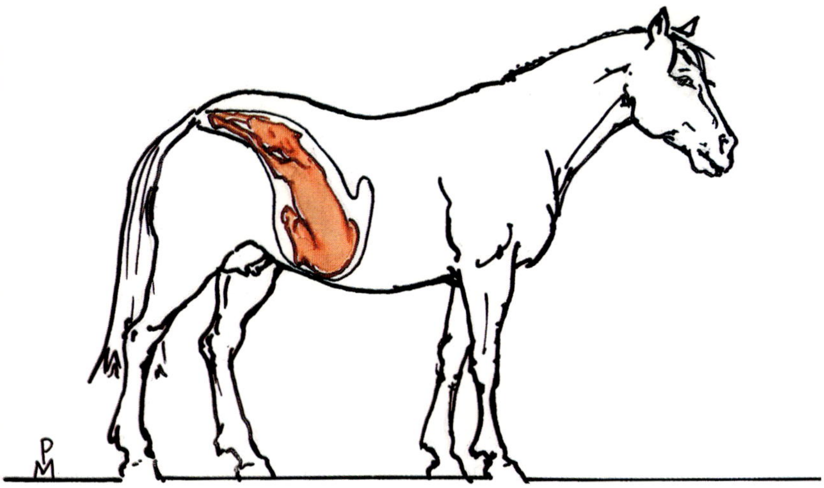

Das Fohlen im Bauch der Stute – die Geburt steht kurz bevor.

Eine Ration für zwei?

Eine trächtige Stute frißt für zwei. Das muß man in den ersten Monaten der Trächtigkeit berücksichtigen. Sie braucht Futter für sich und ihr Fohlen – ein Fohlen, das wächst, muß ausreichend Nährstoffe bekommen.

Damit das Kleine ein kräftiges Pferd wird, muß das Futter für die Stute in den 11 Monaten viel Vitamine und Mineralstoffe enthalten. Das heißt also nicht die doppelte Ration!

Wie in freier Wildbahn

Bis zum letzten Tag der Trächtigkeit braucht die Stute viel Bewegung. Sie darf sich aber nicht überanstrengen. Ihre Kräfte muß sie für das Fohlen aufsparen. In Freiheit würde sie auch bis zum letzten Augenblick am normalen Herdenleben teilnehmen, aber ohne Belastung.

Auf der Weide oder im Stall

Die Geburt kann im Freien – auf der Weide – erfolgen. Die Stute bringt ihr Fohlen meist im Liegen zur Welt.

Eine saubere, mit Stroh ausgelegte Box ist aber üblicher. Die Geburt sollte dann unter Aufsicht des Besitzers erfolgen. Treten Komplikationen auf, kann er schnell den Tierarzt rufen.

Geburt in der Nacht

Die meisten Fohlen kommen nachts zur Welt – oder am frühen Morgen. Auch in der freien Wildbahn ist das so.
Die Stute braucht während der Geburt absolute Ruhe, sie will ungestört sein. Vielleicht tut ihr auch die nächtliche Kühle gut.
Daß der Mond, vor allem der Vollmond, Einfluß auf den Geburtstermin hat, ist sicher nur eine Legende.

Das große Ereignis

Selten Probleme

Die meisten Stuten bringen ihre Fohlen ohne Schwierigkeiten zur Welt. Aber manchmal muß man ihnen helfen. Bleiben die Eihäute um das Fohlen nach der Geburt geschlossen, kann das Fohlen ersticken, man muß sie sofort aufreißen. Reißt die Nabelschnur ausnahmsweise nicht von selbst, muß man sie durchtrennen.
Dazu braucht man die Hilfe eines Tierarztes. Oder man hat selbst schon große Erfahrung.

Die Geburt eines Fohlens ist ein aufregendes Ereignis – niemand kann genau die Stunde voraussagen. Oft wartet die Stute, bis sie ein paar Minuten allein ist, um ihr Junges zur Welt zu bringen. Sie will ungestört sein.

Erste Anzeichen

Verschiedene Zeichen kündigen die bevorstehende Geburt an. Zunächst schwillt die Eutergegend an. Dann bilden sich „Harztropfen“ an den Zitzenöffnungen, eine vom Euter gebildete Vormilch. Die Beckenbänder fallen ein, der Schweif hebt sich. Die Stute schwitzt stark, sie legt sich hin oder knickt die Hinterbeine ein. Aber zwischen den ersten Anzeichen und der Geburt vergehen manchmal mehrere Tage. Oft läßt sich die Stute auch gar nichts anmerken.

Welch eine Überraschung, wenn man dann am Morgen ein Fohlen an ihrer Seite sieht!

Während der Geburt erscheinen im Rhythmus der Wehen erst der Kopf und die Vorderbeine, dann folgt der übrige Körper (links). Kaum getrocknet, versucht das kleine Fohlen bereits, auf die Beine zu kommen (unten).

Die ersten Schritte ins Leben

Die Geburt selbst ist mehr oder weniger lang. Sie beginnt mit Wehen, die in Preßwehen übergehen. Zuerst erscheint die Wasserblase, die platzt. Dann folgt die Fruchtblase, in der das Fohlen liegt. Sie platzt ebenfalls und gibt das Fruchtwasser frei. Dabei ist bereits der Vorderkörper des Neugeborenen herausgetrieben, dann folgt der gesamte Körper.

Die Nabelschnur spannt sich und reißt. Die Stute wendet sich und leckt ihr Fohlen trocken, beide sollten jetzt ungestört sein.

Das Fohlen versucht auf die Beine zu kommen. Es versucht einmal, zweimal, zittert und schwankt. Und dann steht es wirklich und balanciert auf seinen noch wackligen, weit gespreizten Beinen.

So beginnt ein neues Pferdeleben.

Die Stute leckt das Fohlen sofort trocken. Dabei stellt sich die Mutter-Kind-Bindung ein, und die Atmung des Jungen wird angeregt. Daß eine fremde Stute das Neugeborene ebenfalls belecken darf, ist sehr ungewöhnlich!

Das gegenseitige Kennenlernen

Die ersten Lebensstunden eines Fohlens sind ein wichtiger Zeitabschnitt – der feste Zusammenhalt zwischen Mutter und Kind entsteht. Später kann auch der Mensch Kontakt aufnehmen.

Der Geruch der Mutter und der Geruch des Menschen

Wenn die Stute ihr Junges leckt, nimmt sie seinen Geruch an. Und das Fohlen lernt den Geruch der Mutter kennen. Ebenso sollte man das Fohlen den menschlichen Geruch kennenlernen lassen. So früh als möglich. Wenn man ihm hilft, das mütterliche Euter zu finden, ist das eine gute Gelegenheit. Es wird sich an den ersten Schluck Muttermilch erinnern, den es mit deiner Hilfe getrunken hat.

Nestflüchter

Schon eine halbe Stunde nach der Geburt kann das Fohlen stehen, laufen und trinken. Diese Verhaltensabläufe sind vor allem für das Überleben in freier Wildbahn wichtig. Die Steppe bietet wenig Schutz vor Feinden – ein Jungtier muß sich sofort der Herde anschließen und mit ihr fliehen können, wenn Gefahr droht.

Dieses Fohlen hat das Euter seiner Mutter bereits gefunden. Und sobald es Hunger hat, steckt es den Kopf wieder unter den Bauch der Mutter.

Zärtlichkeit und Strenge

In den ersten Tagen solltest du viel bei dem Neugeborenen sein. Es soll sich über die Besuche freuen und erfahren, daß die Anwesenheit des Menschen nicht gefährlich ist, sondern angenehm. Es wird ja liebevoll mit ihm umgegangen. Aber du nutzt auch seine Schwäche.

Nimm es fest in den Arm, so daß es sich nicht bewegen kann. So bringst du ihm bei, den Willen des Menschen zu respektieren. Dabei darfst du es natürlich nicht erschrecken oder ihm gar weh tun.

Dieses Fohlen hat gelernt, daß es die Vorderbeine einknicken muß, um an die saftigen Gräser zu gelangen. Seine Gelenkigkeit und sein Gleichgewichtssinn erlauben es ihm bereits, sich mit dem Hinterbein am Ohr zu kratzen.

Ein Fohlen wird bald sehr neugierig, es ist dann stets bereit, Unbekanntes aufzuspüren. Jetzt muß man mit der Erziehung beginnen.

Immer in der Nähe

Das Fohlen entfernt sich anfangs kaum von der Mutter. Dieses frühkindliche Kontaktbedürfnis ist dem Jungtier angeboren, es gibt ihm Schutz. Allmählich lernt es aber, seine Mutter auch an der Stimme und dem Aussehen zu erkennen. Daher entfernt es sich schon mehr und mehr von der Mutter.

Es lernt (hoffentlich!) andere Fohlen kennen, spielt mit ihnen und findet bereits allein die besten Gräser auf der Weide.

Die ersten Unterrichtsstunden

Im Alter von 3 bis 4 Monaten ist das artgemäße Verhalten im Fohlen gefestigt. Jetzt muß man mit seiner Erziehung beginnen.

Indem es die erwachsenen Pferde nachahmt, lernt das Fohlen zum Beispiel, aus einem Eimer Getreide zu fressen.

Diese beiden Fohlen verhalten sich natürlich, sie pflegen sich gegenseitig das Fell. Fohlen brauchen den Kontakt – gemeinsam spielen sie und erkunden die Umwelt.

Vermeidbarer Fehler

Ein Fohlen ist kein Hund, aber es kann lernen, sich ebenfalls auf seine Hinterbeine zu stellen und sogar die Vorderbeine auf die Schultern des Menschen zu legen. Mit der Zeit gewinnt das Fohlen aber an Größe und Körpermasse, und es will mit diesen Spielen fortfahren, die man ihm beigebracht hat. Das kann gefährlich werden.

Die Stute als Lehrerin

In den ersten Unterrichtsstunden ist die Stute die Lehrerin ihres Fohlens. Denn sie weiß, wenn sie selbst gut ausgebildet ist, was der Mensch von ihr erwartet.

Ihr Kleines sieht zu und ahmt jede Bewegung nach. Deshalb ist es leicht, beiden ein Halfter anzulegen und sie Seite an Seite zu führen. Durch die Anwesenheit der Mutter beruhigt, wird das Fohlen keinen Widerstand leisten. Es lernt sehr schnell, zu folgen und den Anweisungen zu gehorchen. Ebenso kann man ihm beibringen, sich anbinden zu lassen …

Füße heben

Ein Pferd, das sich weigert, die Füße zu heben, ist schwer zu beschlagen. Deshalb muß man es ihm sehr früh beibringen. Noch sind die Füße des Fohlens leicht und die Beine dünn.

Man hebt einen Fuß auf, klopft schnell auf die Hufsohle und stellt ihn vorsichtig wieder ab.

Einfaches Fallenlassen wäre dem Tier unangenehm, und es würde sich beim nächsten Mal weigern.

Das Fohlen will bald die große Welt entdecken. Es wagt sich immer weiter von der Mutter weg. Aber sie verlieren sich niemals aus den Augen. Wenn es zu weit läuft, ruft die Mutter ihr Kind zurück.

Ständig spielen?

Ein Fohlen spielt fast immer. Du bekommst Lust, mit ihm zu rennen, seine Spiele zu teilen. Aber das ist meist ein Fehler. Denn das Tier kann sich nicht auf den Menschen einstellen. Es spielt mit ihm wie mit einem anderen Fohlen. Es steigt, schlägt aus und nimmt bald schlechte Gewohnheiten gegenüber dem Menschen an, wenn er nicht verstanden hat, dem Fohlen beizubringen, ihn als Ranghöchsten anzuerkennen.

Sobald das Fohlen zu weiden beginnt, kann man ihm Möhren geben.

Eine lange Ausbildung

Von einem kleinen Kind verlangt man nicht, den Rucksack eines Erwachsenen zu tragen. Es ist nicht kräftig genug. Beim Fohlen ist es ebenso. Ein Pferd ist erst mit etwa 5 Jahren ausgewachsen. Man beginnt mit dem Reiten, wenn es etwa 3 Jahre alt ist. Bis dahin muß es sehr viel lernen.

Wenn dein Pferd etwa 3 Jahre alt ist und der Haarwechsel beginnt, lernt es, einen Reiter zu tragen. Davor muß es jedoch eine gute Erziehung erhalten. Es lernt unter anderem, das tägliche Putzen ruhig zu ertragen. Das ist eine gute Gelegenheit, miteinander vertraut zu werden.

Viel mit ihm sprechen

Wenn das Fohlen keine Milch mehr trinkt und von der Mutter getrennt wird, beginnt eine neue Unterrichtszeit. Das Junge hat Vertrauen zum Menschen gewonnen, da es ihn jeden Tag gesehen hat. Jetzt beginnen lange und unterhaltsame Unterrichtsstunden – die Spaziergänge am Führstrick. Dabei kannst du ihm vieles beibringen: zu folgen, ohne zu ziehen, auf Befehl stehenzubleiben, seine Angst zu meistern – vor fahrenden Autos, Papierschnipseln, flatternder Wäsche . . .

Aber vor allem kannst du bei euren Spaziergängen viel mit ihm sprechen. Du weißt ja, ein Pferd und auch ein Fohlen erkennt nur den Klang der menschlichen Stimme, nicht jedoch die Wörter. Du sprichst also immer sehr ruhig mit ihm. Du wirst sehen, dein Fohlen wird ein ganz ausgeglichener Freund für dich.

Dieses angloarabische Fohlen ist noch zu jung, um auf die Muttermilch zu verzichten. Glücklicherweise ist die Mutter noch da. Bald wird sich jemand anderes um das Junge kümmern. Dann lernt es die Menschen kennen.

Voraussetzung für den Umgang mit einem Pferd ist, daß es sich willig fügt. Im Fohlenalter muß man es daher sehr schnell an den Führstrick gewöhnen.

Alles zu seiner Zeit

Du kannst keine mathematische Gleichung lösen, wenn du nicht zählen kannst. Das Fohlen ist ebensowenig in der Lage, alles auf einmal zu lernen. Es muß eine Sache beherrschen, bevor man etwas Neues beginnt. Du mußt viel Geduld haben.

Unterricht und Pausen

Die Konzentrationsfähigkeit eines Pferdes ist sehr begrenzt. Man darf es auch nicht ermüden. Übungen sollten nicht länger als 30 bis 40 Minuten dauern.

Hat es gut gearbeitet, gib ihm eine Möhre oder einen anderen Leckerbissen und gönne ihm eine Pause. Später werdet ihr die Lektion wiederholen. Man sollte fünf- bis sechsmal wöchentlich mit dem Tier üben.

Spielerische Arbeit

Wenn der Lehrer sich wirklich mit Pferden auskennt, kann er aus dem Unterricht für das Fohlen ein Spiel machen. Später wird es seine Arbeit vielleicht auch spielend erledigen, einen Wagen zu ziehen oder einen Reiter zu tragen. Dann wäre es ein wunderbarer Gefährte. Es liegt nur an dir, das zu erreichen.

Berufsleben mit Pferden

Du möchtest gern einen Beruf erlernen, bei dem du mit Pferden arbeiten und leben kannst?
Es gibt viele Möglichkeiten. Voraussetzung sind eine gute Schulausbildung und bei den meisten Berufen auch besondere Fähigkeiten und Fertigkeiten. Schwierig ist bei allen, einen guten Ausbildungsplatz zu finden.

Man muß wirklich zu den Besten gehören.

Der Gestütsmeister

Dieser Gestütsmeister züchtet die Rasse der Selle Francais. Täglich kontrolliert er seine Pferde auf der Weide. Er besitzt eine Reihe von Mutterstuten, die er entweder von einem eigenen Hengst decken läßt oder von Hengsten aus anderen Gestüten. Die Fohlen werden im Alter zwischen 1 und 4 Jahren verkauft.

Kleines Fohlen, werde groß!

Der Gestütsmeister hat eine schwere Berufsausbildung hinter sich und übernimmt in einem Gestüt große Verantwortung. Er muß die Pferde kennen und sich auf den Verkauf der aufgezogenen Fohlen verstehen. Seine Zucht lohnt sich nur, wenn sie bekannt ist und ein oder mehrere Champions aus ihr hervorgegangen sind.

Die Ausbildung

In der heutigen Pferdewirt-Verordnung, die vier verschiedene Sparten einschließt, sind Schwerpunkte der Ausbildung und Abschlüsse genau geregelt. Nach einem ersten, allgemeinen Ausbildungsjahr, in dem die Lehrlinge alles über Pferde, ihre Pflege und Fütterung, Zucht, über Rechtsvorschriften und Umweltschutz erfahren, erfolgt die Spezialisierung.

Ein Gestütsmeister (Zucht) hat eine Ausbildung als Pferdewirt mit den Schwerpunkten Zucht und Pferdehaltung absolviert und nach mindestens dreijähriger Arbeit in seinem Beruf die Meisterprüfung abgelegt.

Der Pferdewirt

Liebe zum Pferd

In einem Pferdestall ist der Pferdepfleger verantwortlich für die Tierzucht und Haltung. Er füttert und pflegt sie, sorgt sich um ihr Wohlergehen und hält sie in guter Kondition. Er arbeitet ebenso mit der Forke wie mit der Kardätsche und dem Striegel.

Die Arbeitsgebiete

Der Pferdepfleger absolviert eine dreijährige Ausbildung als Pferdewirt – Zucht und Haltung. Schwerpunkte dabei sind: Pferdepflege und Haltung, aber auch Reiten (Pferdewirt – Reiten).

Man kann aber auch Futtermeister werden. Er trifft in einem Betrieb alle die Pferde betreffenden Entscheidungen und leitet andere Mitarbeiter an. Er ist aber auch verantwortlich für die Weidepflege, den Futteranbau, die Futterlagerung und -bestellung.

Zwischen Pflicht und Vergnügen

Wer sein ganzes Leben mit Pferden verbringen möchte, muß es sich vorher gut überlegen. Pferde müssen jeden Tag gefüttert, überwacht, gepflegt und trainiert werden. Selten hat er einen ruhigen Arbeitstag oder kann einfach Feierabend machen. Auch an den Wochenenden hat er Dienst.

Pferde zu betreuen, das bedeutet nicht nur den Stall auszumisten. Die Hauptaufgabe eines Pferdewirts – Zucht und Haltung besteht darin, alles für das Wohlergehen der Tiere zu tun. Er muß sehr zuverlässig sein. Auch Mädchen können diesen Beruf ergreifen.

Der Tierarzt

Dieser Tierarzt arbeitet „vor Ort“. Er kontrolliert die Teilnehmer eines Gespannmarathons. Anhand des Herzschlags, der Atmung, der Schleimhäute und vieler anderer Symptome versichert er sich, daß die Pferde in der Lage sind, den Wettkampf fortzusetzen.

Ein Arzt für Tiere

Pferde zu pflegen und zu untersuchen, ihnen Schmerzen zu ersparen und bei der Heilung zu helfen ist sicher ein schöner Beruf. Einem guten Pferdespezialisten fehlt es nicht an Arbeit. Aber die Ausbildung ist lang und anstrengend.

Ein langer und schwieriger Weg

Erste Etappe – das Abitur in einem naturwissenschaftlichen Zweig. Zweite Etappe – das Studium an einer Universität. Hat man das Diplom als Veterinärmediziner abgelegt, wird es erst richtig schwierig. Man muß einen der seltenen und begehrten Assistenzarztplätze bei einem Tierarzt finden, der sich mit Pferden beschäftigt.

Gelingt das nicht, kann man Fachtierarzt für kleine Haustiere (Hunde, Katzen, Kaninchen, Vögel) werden.

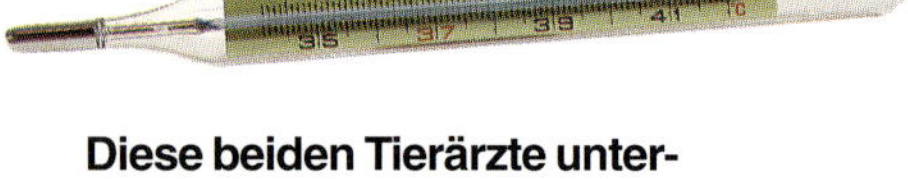

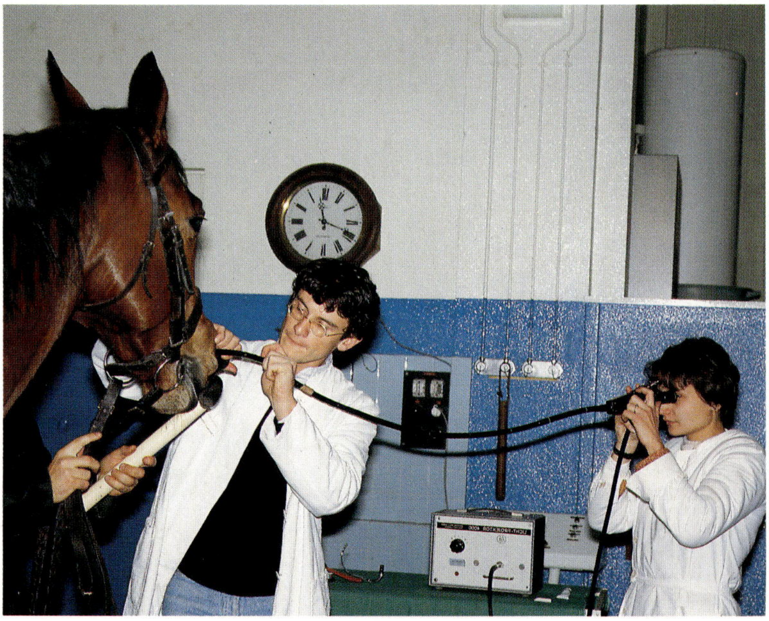

Diese beiden Tierärzte untersuchen das Pferd mit Hilfe eines Endoskops. Sie führen die Sonde bis tief in den Magen des Pferdes – wahrscheinlich hat es schlecht gefressen und war abgemagert.

Der Hufschmied

Gutes Auge und geschickte Hand

Ein guter Hufschmied liebt und versteht die Pferde, sonst wird er Probleme haben, schwierige Pferde zu beschlagen. Er ist ihr „Schuhmacher“. Er beschneidet die Hufe, wählt die Eisen aus und korrigiert damit auch fehlerhafte Gliedmaßenstellungen.

Dieser Hufschmied arbeitet in einem Reiterclub. Er läßt gerade ein Hufeisen rotglühend werden, um es dem Pferdehuf anzupassen. Hat er vergessen, seine Lederschürze umzubinden?

Die Ausbildung

Das Gesetz legt fest, daß nur derjenige Schmied Pferde gewerblich beschlagen und sich als geprüfter Hufbeschlagschmied bezeichnen darf, der einen Vorbereitungslehrgang für Hufbeschlagschmiede an einer staatlichen oder staatlich anerkannten Hufbeschlag-Lehrschmiede besucht und die Abschlußprüfung bestanden hat.

Da der Hufschmied heutzutage meist zu den Pferden kommt, müssen Reitställe und Reitanlagen Hufbeschlagplätze einrichten, die eine bestimmte Größe, einen festen und geraden Boden und eine ruhige Lage haben.

Gute Zusammenarbeit

Gute Tierärzte und gute Hufschmiede arbeiten oft zusammen, beispielsweise einen Fuß zu behandeln oder Gehfehler zu korrigieren.
Sie ergänzen sich mit ihren Fähigkeiten und Erfahrungen. Das ist neu. Früher gab es keinen Tierarzt: Der Hufschmied kümmerte sich auch um die Gesundheit der Tiere, manchmal heilte er sogar Menschen.

Der Reitlehrer

Die Ausbildung

Auch um als Reitlehrer zu arbeiten, muß man zunächst die Ausbildung als Pferdewirt absolvieren. Schwerpunktausbildung ist das Reiten. Zunächst ist er für das Zureiten junger Pferde für die verschiedenen Disziplinen – Dressur, Springen, Vielseitigkeit, Freizeit- und Wanderreiten verantwortlich. Oft arbeitet er unter der Anleitung eines Reitlehrers als Ausbilder für Reitanfänger.

Legt er nach mehrjähriger Berufserfahrung die Meisterprüfung als Pferdewirtschaftsmeister ab, darf er als „Berufsreitlehrer“ tätig werden. Diese Ausbildung schließt auch die Vermittlung pädagogischer Kenntnisse für den Reitunterricht ein.

Zu wenige

Heutzutage wollen immer mehr Menschen reiten lernen. Sie brauchen also einen Reitlehrer. Aber nur wenige Clubs können eine volle Stelle für einen Reitlehrer bezahlen, deshalb sind gute Reitlehrer selten und teuer. Vielleicht wirst du später einmal Reitlehrer?

Für einen guten Reitlehrer reicht es nicht aus, gut reiten zu können. Er muß auch gut erklären können und daran interessiert sein, daß seine Schüler schnell Fortschritte machen.

Begleiter für Wanderreiten

Reittourismus

Es ist ein schöner Beruf, Menschen beim Wanderreiten zu betreuen. Der Begleiter für Wanderreiten hat jedoch noch andere Pflichten, als nur mit dem Pferd spazierenzureiten.

Er muß seine Reittiere pflegen, die Wanderungen vorbereiten, an Tourismusbörsen teilnehmen, um hier für seinen Verein zu werben.

Die Ausbildung

Auch wenn es dir wie ein Freizeitvergnügen erscheint, der Reiseleiter für das Wanderreiten hat die Ausbildung als Pferdewirt – Reiten absolviert.

Da er bei längeren Wanderungen oft allein für die Tiere verantwortlich ist, muß er auch in der Lage sein, kleinere Krankheiten zu behandeln und ein lockeres Hufeisen zu befestigen. Auch die Teilnehmer einer Tour erwarten seine Fürsorge.

Der Begleiter für Wanderreiten kennt alle Tricks und findet auch die verborgensten Wege. Er führt die Reiter durch wunderschöne Landschaften, läßt sie immer Neues entdecken und bürgt dabei für ihre Sicherheit.

Ein guter Reitlehrer

Um das Reiten zu lehren, muß man die Tiere lieben, aber auch die Menschen. Bei einer Wanderung oder in der Reithalle ist der Ausbilder mehr ein Ratgeber als ein richtiger „Pauker". Das Reitenlernen soll schließlich ein Vergnügen für den Anfänger sein.

Viehhirten und Reitervölker

In manchen Ländern sind die Pferde auch heute noch die unverzichtbaren Arbeitsgefährten des Menschen.

In Australien treiben die Stockmen vom Sattel aus ihre Rinder- oder Schafherden. Die Csikós tun dasselbe in Ungarn, ebenso die Cowboys in den Vereinigten Staaten von Amerika, die Gauchos in Argentinien und die Vaqueros in Kolumbien. Auch die Viehhirten der Camargue sind geschickte Reiter.

In Nordafrika oder in Afghanistan ziehen viele Nomadenstämme noch immer mit ihren Pferden durch die Wüste.

Die Cowboys Amerikas

Welches ist das Lieblingspferd des Cowboys?

Das kann ein Appaloosa, ein Morgan-Horse, aber auch ein guter Bastard sein. Meistens jedoch ist es ein Quarter-Horse, das berühmte Pferd des amerikanischen Westens. Es ist in der Lage, blitzschnell anzugaloppieren, in vollem Lauf zu bremsen und enge Wendungen auszuführen. Da es darüber hinaus auch ein angeborenes Gefühl für das Vieh besitzt, ist es das ideale Pferd, um die Rinder zu treiben. Es hilft dabei, Tiere von der Herde abzusondern, kann die Reaktionen der Kälber voraussehen und hindert sie daran, zur Herde zurückzukehren. Dazu läuft es mit gesenktem Kopf hinter ihnen her, die Ohren angelegt, und vollführt seine Wendungen fast ohne Anweisungen.

Er will sicher später einmal Cowboy werden.

Vom Film in die Wirklichkeit

Du siehst sie oft im Film, und du glaubst sie zu kennen. Aber die echten Cowboys unterscheiden sich sehr von den Westernhelden, und sie tragen schon seit langer Zeit keinen Revolver mehr.

Für ihre Arbeit nutzen sie – neben dem Pferd – auch die moderne Technik, wie Flugzeuge und Funkgeräte. Heute reiten die Cowboys nicht mehr meilenweit durch die Steppe, um das Vieh zu treiben. Meist begleiten sie die Herde in einem Lastwagen sitzend. Aber sie können noch immer nicht auf ihre Pferde verzichten. Im Westen Amerikas sind die Ranchs oft riesengroß und das Gelände sehr uneben.

Auf der Ranch

Das Pferd ist oft das einzige Mittel, um die die Ranch umgebenden langen Holzzäune zu kontrollieren, einsame Wasserstellen aufzusuchen oder verirrte Kälber wiederzufinden. Meist bringt der Cowboy dazu das Pferd mit dem Transporter bis zum Ende von befahrbaren Wegen.

Manchmal spannt er die Pferde auch vor den Wagen oder belädt ein Maultier mit schweren Salzsäcken, Melasse oder Heu. Aber vor allem, wenn die Rinderherden einmal im Jahr zusammengetrieben werden, kann er nicht auf seinen treuen Kameraden – das Pferd – verzichten.

Zu Pferde treiben die Cowboys das Vieh in einen großen Korral – dieses Gehege ist manchmal einen Tagesritt weit vom Haupthaus der Ranch entfernt.

Dort werden die Kälber mit dem Lasso eingefangen und mit dem Brandzeichen der Ranch gekennzeichnet.

Dieser Viehzüchter aus Oklahoma sammelt seine Rinder ein, die auf verschiedenen riesigen Weiden verstreut waren, um die Tiere zu markieren. Er läßt sich von mehreren Cowboys und ihren Pferden helfen.

Man braucht viel Übung, um das Lasso so sicher zu werfen wie dieser Cowboy. Er ist vielleicht auch ein erfolgreicher Teilnehmer an Rodeos – diesen beliebten amerikanischen Reiterveranstaltungen.

Die Rodeo-Pferde bäumen sich auf, sobald man ihnen den Flankengurt festschnallt. Die Pferde möchten diesen störenden Gurt unter allen Umständen abschütteln.

Bei dieser Rodeoprüfung, die man „Steer wrestling" nennt, treibt einer der Cowboys den Stier vor sich her, und der andere muß ihn zu Boden werfen.

Berittene Viehhirten

Berufsverwandte der Cowboys leben dort, wo es noch Vieh und große Weideflächen gibt. Müßten sie zu Fuß gehen, würden sie nicht weit kommen. In Kolumbien heißt der berittene Viehhirt Vaquero. In Mexiko wird das Vieh vom Charro gehütet, der sehr geschickt mit dem Lasso umgehen kann. In Argentinien sind der Gaucho und sein Criollo-Pferd unzertrennlich, wenn sie zusammen durch die Pampa laufen. Der australische Stockman reitet auf einem Stock-Horse, mit dem er das Vieh sucht, das sich im Busch verirrt hat.

Rodeo – Westernsport

Früher war das Rodeo ein großes Fest. Die Cowboys mehrerer Ranchs versammelten sich, um ihre Kräfte zu messen.

Heute ist es ein Sport für Profis geworden, man hat auch Wettkämpfe erfunden, die nicht mehr viel mit der Arbeit auf der Ranch zu tun haben. Zwar bleibt das Lassowerfen die Lieblingssportart der richtigen Cowboys, jedoch gibt es inzwischen auch Teilnehmer, die noch nie auf einer Ranch gewesen sind. Am beeindruckendsten ist das Reiten auf einem wilden Stier. Wie bei den undressierten Pferden ist es das Ziel, sich mindestens 8 Sekunden auf dem Rücken des Tieres halten zu können, sosehr es sich auch wehrt.

Die Viehhirten der Camargue

Die Viehhirten der Camargue sind sozusagen die französischen Cowboys. Ihre kleinen weißen Pferde wachsen frei in den Sümpfen der Camargue auf.

Die freien Herden

Die sumpfigen Niederungen des Rhône-Deltas – die Camargue – im Südosten Frankreichs sind das Reich der Pferde- und Viehherden. Schwarze Stiere und weiße Pferde leben frei und friedlich zusammen.

Die Tiere kennen sich genau, das erleichtert die Arbeit des Viehhirten. Mit seiner langen Peitsche aus geflochtenem Pferdehaar und dem Dreizack zieht er durch die Sümpfe, um die Stiere zu kontrollieren oder einzufangen. In dieser Gegend haben Autos große Schwierigkeiten, einen trockenen Weg zu finden, das kleine Camargue-Pferd findet immer einen sicheren Weg.

Lange Tradition

Jedes Jahr gibt es mehrere traditionelle Feste. Während des „Ferrade" markieren die Hirten die jungen Stiere in der Camargue. Sie wetteifern in der Geschicklichkeit, die Tiere einzuholen und mit dem Dreizack umzuwerfen.

Aber das berühmteste Fest ist das „Abrivado". Eine Gruppe berittener Viehhirten muß vier bis sechs Stiere bis in die Arena treiben, den Dorfbewohnern darf es dabei nicht gelingen, die Tiere entkommen zu lassen.

Schimmel

Im Rhône-Delta lebt das Camargue-Pferd seit der Steinzeit, wie Höhlenmalereien zeigen. Dieses kleine Pferd (zwischen 1,25 und 1,45 Metern Widerristhöhe) ist lebhaft, geschickt, mutig und sehr widerstandsfähig. Seine breiten Hufe sind den sumpfigen Böden angepaßt, und es ist eine der wenigen Pferderassen, die auch unter dem Wasser weiden können. Die Fohlen kommen schwarz oder als Fuchs zur Welt und werden schnell völlig weiß. Ihre Haut, die dunkel bleibt, verträgt auch die Sonne sehr gut. Manche Fohlen werden in Ställen großgezogen, aber die meisten wachsen in Freiheit auf.

Auf dem Pferd durch die Steppe

Die ungarischen Csikós

In den Weiten der Pußta, der ungarischen Steppe, hüten die Csikós das Vieh zu Pferde. Sie tragen einen Hut mit Federn, eine weite Bluse, eine verzierte Weste, Pluderhosen und Lederstiefel. Diese hervorragenden Reiter können viele Kunststücke. Ihre Pferde sind darauf dressiert, sich hinzulegen und sich zu setzen. Die meisten von ihnen können auch die „ungarische Post" führen: Der Reiter führt fünf Pferde im Galopp und steht auf dem Rücken von zweien. Dabei muß er auch die drei anderen, die vorne laufen, lenken. So ist es nicht erstaunlich, daß die ungarischen Reiter oft die Preise bei den modernen Gespannwettkämpfen erringen.

Die Söhne Dschingis-Khans

Der Mut eines Pferdes wird nicht an seiner Größe oder an der seines Reiters gemessen. Die Mongolen gehörten zu den kühnsten Eroberern Europas. Sie ritten auf kleinen Pferden mit struppiger Mähne.

Ihr Führer, Dschingis-Khan, gründete im 12. Jahrhundert das größte Reich Mittel- und Osteuropas. Seine Krieger haben sowohl die Chinesen als auch die Türken und die Europäer bekämpft.

Unter den Reitertruppen herrschte eine straffe Ordnung, diese war sicher ein Geheimnis ihrer Schlagkraft.

Die mongolischen Krieger sind wahre Pferdeakrobaten gewesen. So sprangen sie beispielsweise im vollen Galopp auf ihre Pferde. Mit Pfeil und Bogen schossen sie vom Rücken ihrer Pferde auch nach hinten auf ihre Verfolger. Um ihre Pferde zu schonen, zogen sie immer mit einer Herde durch die Länder, aus der sie sich ihre frischen Reittiere auswählten.

Der traditionelle mongolische Sattel ist kein Folklorestück: Er gehört zum täglichen Leben dieser Züchter am anderen Ende der Welt.

Die Kunst des „Jabusame" ist auch heute noch in Japan verbreitet. Dieser Bogenschütze wird in seinem traditionellen Kostüm an einer Pferdeschau teilnehmen.

Das Leben eines mongolischen Reiters

Für die Mongolen ist das Pferd nicht nur ein Transportmittel. Es liefert ihnen Fleisch und Milch, die sie frisch oder gegoren (Kumys) trinken. Auch heute sind die Mongolen vielfach noch Nomaden. Sie leben in Zelten, den Jurten, und züchten in den endlosen Weiten der Mongolei vor allem Mongolen-Ponys, aber auch ein größeres Reitpferd. In den weiten Steppengebieten leben weit über zwei Millionen Pferde ...

Ein uraltes Reiterspiel

Es heißt „Buskatschi" und ist das Spiel der Steppenreiter. Das Spiel und das Wort sind afghanischen Ursprungs. Es bedeutet „Ziegen fangen".

An diesem Spiel kann eine beliebige Anzahl von Reitern teilnehmen. Das Spielfeld ist daher ziemlich groß – mehrere Kilometer lang und breit –, und an seinen Endpunkten sind Stangen aufgestellt. Es geht darum, zu Beginn einen in einem Kreis liegenden ausgestopften Schafs- oder Ziegenbalg zu ergreifen und loszureiten, die Begrenzungspfosten zu umreiten und den Balg wieder in den Kreis zurückzuwerfen.

Japanische Bogenschützen

Sie sind längst nicht so bekannt wie die Cowboys. Im Land der aufgehenden Sonne jedoch ist das Bogenschießen – besonders das „Jabusame" – sehr populär. Ursprünglich war es eine militärische Übung, die auf das Jahr 700 zurückgeht. Die berittenen Bogenschützen müssen eine Strecke von 300 Metern in schnellem Galopp zurücklegen und dabei mit Pfeil und Bogen auf drei Zielscheiben schießen. Wer alle drei getroffen hat, ist Sieger. Das erfordert eine gute Vorbereitung. Pfeile, Bogen und Zaumzeug müssen außerdem sorgsam gepflegt sein. Beim Wettkampf selbst müssen sich die Reiter sehr konzentrieren – ein einziger Ritt ist entscheidend.

Die Reiter der Wüste

Aus der Geschichte des Arabischen Vollbluts

Das Reiten einer „Fantasia“ ist ein traditionelles Reiterkampfspiel der Nomadenvölker in der Wüste.

Mehr als das Kamel ist das Pferd und vor allem die Stute der Stolz der Beduinen.

Der Ursprung des Arabischen Vollbluts ist im zentralasiatischen Raum zu suchen. Durch die Perser gelangten die Pferde nach Vorder- und Kleinasien. Bereits im frühen Mittelalter beschäftigten sich die Muslime Arabiens mit der Zucht dieser Pferde. Ein besonderer Förderer der Rasse soll der Religionsstifter Mohammed gewesen sein. Durch ein Gebot wurde die Reinzucht zum obersten Zuchtprinzip und damit für jeden Muslim zur heiligen Pflicht.

Auch heute noch wird die Zucht des Arabischen Vollbluts (siehe Seite 42) mit größter Sorgfalt betrieben.

Mohammed – ein glänzender Reiter

Mohammed – eigentlich Abul Kasim Muhammad Ibn Abd Allah – wurde um 570 in Mekka geboren und starb am 8. Juni 632 in Medina (heute Saudi-Arabien). Mit 40 Jahren hatte er mehrere Offenbarungserlebnisse, die er später im Koran, dem heiligen Buch der Muslime, niedergeschrieben hat.

Seine Lehren über die neue Religion, den Islam, wurden aber in seiner Heimatstadt abgelehnt. Deshalb floh er im September 622 nach Medina. Dank der Schnelligkeit seines Pferdes und seiner Reitkunst gelang es ihm, seinen Verfolgern zu entkommen. Diese Flucht wird „Hedschra" genannt.

Für seine Reisen benutzte Mohammed stets Pferde. Sie waren widerstandsfähig, ausdauernd und genügsam – Eigenschaften, die auch heute noch ein Arabisches Vollblut auszeichnen.

Eroberungen im Namen Allahs

Dank seiner Reiterarmee kehrten Mohammed und seine Soldaten siegreich nach Mekka zurück. Die islamischen Krieger verbreiteten den Islam. In nur einem Jahrhundert zogen die arabischen Reiter durch Vorderasien bis in die Türkei und nach Konstantinopel. Sie eroberten auch Nordafrika bis Marokko, dann Spanien und den Süden Frankreichs.

Wie du im Geschichtsunterricht gelernt hast, wurden sie jedoch 732 von Karl Martell bei Tours und Poitiers erfolgreich zurückgeschlagen.

Das Leben in der Wüste

Überall in der Sahara, wo noch dürftige Gräser wachsen, kann man wandernden Beduinen begegnen. Es sind Stämme arabischer Nomaden, etwa fünfzig bis hundert Menschen, die mit Schafen und Ziegen, mit Kamelen und Pferden von einer Weide zur anderen ziehen. Sie haben einfache flache, aber geräumige Zelte – man kann sie sehr schnell ab- und aufbauen.

Während Männer und junge Burschen die Herden hüten, ziehen die Anführer der Stämme auf ihren Araber-Pferden weit umher, um neue Weiden zu suchen. Mit ihren schnellen Pferden reiten die Beduinen auch gern zur Jagd auf kleine Gazellen, die sie mit Gewehren im vollen Galopp aus dem Sattel heraus erlegen.

Der Berber

In Nordafrika trafen die arabischen Reiter auf ihren Eroberungszügen auf Berber. Diese Hirten und Nomaden hatten Pferde, die kräftiger waren als die arabischen Pferde. Sie stammten wahrscheinlich von Reitpferden der Römer und der Karthager ab.
Aus der Kreuzung von arabischen Pferden und nordafrikanischen entstand die Berber-Rasse. Die Berber sind kräftiger, weniger hitzig, aber auch weniger schnell als die Araber.
Bis zum Zweiten Weltkrieg besaß die leichte Kavallerie in Frankreich Berber-Pferde, und heute findet man die sanften Reittiere in manchen Pferdeclubs.

NÜTZLICHE ADRESSEN

Hauptverband für Zucht und Prüfung deutscher Pferde
Deutsche Reiterliche Vereinigung e.V. (FN)
Frhr.-v.-Langen-Straße 13, 4410 Warendorf 1
Telefon (0 25 81) 6 21 44
Geschäftsstelle Berlin: 1000 Berlin 19, Stadionallee
Telefon (0 30) 3 05 30 21

Der **Abteilung Sport** gehören zahlreiche Mitgliedsorganisationen, Anschlußverbände und Landeskommissionen an, zum Beispiel:
Landesverband der Reit- und Fahrvereine
Baden-Württemberg e. V.
Münchinger Straße 19, 7000 Stuttgart 40
Telefon (07 11) 80 85 26

Bayerischer Reit- und Fahrverein e. V.
Lanshamer Straße 11, 8000 München 81
Telefon (0 89) 90 60 71

Landesverband der Reit- und Fahrvereine
Berlin-Brandenburg e. V.
Passenheimer Straße 30, 1000 Berlin 19
Telefon (0 30) 3 05 36 03

Landesverband Mecklenburg/Vorpommern für Reiten, Fahren und Voltigieren e. V.
Friedrichstraße 1, 2751 Schwerin
Telefon (03 85) 81 24 24

Niedersächsischer Reiterverband e. V.
Johannssenstraße 10, 3000 Hannover
Telefon (05 11) 32 57 68

Landesverband der Reit- und Fahrvereine
Schleswig-Holstein e. V.
Eutiner Straße 27, 2360 Bad Segeberg
Telefon (9 45 51) 8 47 92

Thüringer Reit- und Fahrverband e. V.
Anger 55, 5020 Erfurt
Telefon (03 61) 5 17 56

Island-Pferde-, Reiter- und Zuchtverband e. V. (IPZV)
Lohrberger Straße 15 a, 5340 Bad Honnef 6
Telefon (0 22 24) 87 64

Landeskommission für Pferdeleistungsprüfungen Hamburg
Friedrich-Ebert-Straße 59
2000 Hamburg 61
Telefon (0 40) 58 71 40

Der **Abteilung Zucht** gehören ebenfalls zahlreiche Mitgliedsverbände an, zum Beispiel:
Landespferdezuchtverband Berlin-Brandenburg e. V.
Havelberger Straße 20 a
1900 Neustadt/Dosse
Telefon (03 39 70) 2 02

Verband hannoverscher Warmblutzüchter e. V.
Lindhooper Straße 92
2810 Verden/Aller
Telefon (0 42 31) 67 30

Verband der Züchter des Holsteiner Pferdes e. V.
Steenbeker Weg 151, 2300 Kiel 1
Telefon (04 31) 3 08 98

Verband der Züchter des Oldenburger Pferdes e. V.
Donnerschweer-Straße 72 – 80, 2900 Oldenburg
Telefon (04 11) 8 80 41

Verband der Pony- und Kleinpferdezüchter Hannover e. V.
Johannssenstraße 10, 3000 Hannover 1
Telefon (05 11) 32 57 59

Verband der Züchter und Freunde des Ostpreußischen Warmblutpferdes Trakehner Abstammung e. V.
Großflecken 68, 2350 Neumünster
Telefon (0 43 21) 4 50 39

Verband der Züchter des Arabischen Pferdes e. V.
Schellingstraße 14, 3000 Hannover-Kleefeld
Telefon (05 11) 55 01 66

Gestüte, in denen Vollblüter gezüchtet werden (Auswahl):
Gestüt Ammerland / Gut Ried
Riedweg 31, 8139 Ammerland
Telefon (0 81 77) 2 30

Gestüt Boxberg
5901 Gotha
Telefon (0 36 21) 30 20

Gestüt Ebbesloh
Mönkeweg 73, 4830 Gütersloh
Telefon (0 52 04) 22 58

Gestüt Görlsdorf
1321 Görlsdorf
Telefon (03 33 34) 3 31

Gestüt Graditz
7291 Graditz
Telefon (0 34 21) 27 81

Gestüt Harzburg
Am Schloßpark 17, 3381 Bad Harzburg 1
Telefon (0 53 22) 8 15 65

Gestüt Schlenderhan
5010 Bergheim 3
Telefon (0 22 71) 9 49 66

Noch drei wichtige Adressen:
Ferienclub Popcorn „Ponys und soviel mehr"
2225 Schafstedt
Telefon (0 48 05) 2 27

Deutsches Pferdemuseum
Andreasstraße 17, 2810 Verden/Aller
Telefon (0 42 31) 39 01

Deutscher Tierschutzbund e. V.
Baumschulallee 15, 5300 Bonn 1
Telefon (02 28) 63 10 05

Pferdekatalog

Im Fernsehen, in Zeitschriften oder auf der Weide hast du ein Pferd gesehen, das dir sehr gefällt, und du möchtest gern wissen, zu welcher Rasse es gehört. Sieh in diesem Katalog nach! Natürlich enthält er nicht alle Pferde dieser Welt. Das sind zu viele. Aber die neununddreißig wichtigsten Rassen und die außergewöhnlichsten sind vertreten und werden dir eine Vorstellung von der Vielfalt der Rassen geben.

Die Spezialisten unterscheiden Großpferde, Ponys und Kleinpferde. Nach der Art ihrer Nutzung gibt es Zugpferde, Reitpferde und Freizeitpferde. Außerdem werden Großpferde in Vollblut-, Warmblut- und Kaltblutpferde unterteilt. Aber das weißt du ja bereits, wenn du das Buch aufmerksam gelesen hast.

Viel Spaß beim Vergleichen und Wiederfinden! Such dir das Pferd aus, das du dir zum Freund machen willst!

Welsh-Mountain-Pony

Quarter-Horse

Englisches Vollblut

Percheron

Pinto

Palomino

Berber

Appaloosa

Bretone

Fjord-Pony

Camargue-Pferd

Baskisches Pony

Friesen-Pferd

Morgan-Horse

Französischer Traber

Connemara-Pony

Haflinger

Ardenner

Andalusier

Mustang

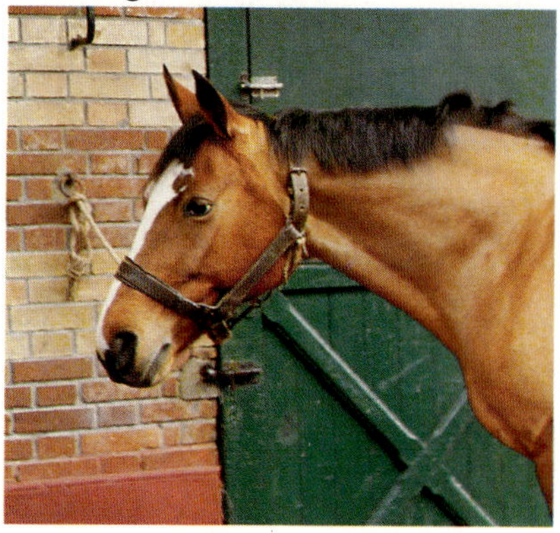

Selle Francais

Achal-Tekkiner

Landais-Pony

Shetland-Pony

Comtois

Brabanter

Arabisches Vollblut

Shire-Horse

Hannoveraner

Holsteiner

Schleswiger

Rheinisch-Westfälisches Kaltblut

Warmblut Trakehner Abstammung

Oldenburger

New-Forest-Pony

Deutsches Reitpony

Dülmener (Wild-)Pony

Island-Pony

Exmoor-Pony

SACHWORTERKLÄRUNGEN

A

AALSTRICH: Bei einigen Pferderassen (Fjord-Pony) und Eseln von der Schweifrübe bis zum Widerrist auf der Rückenmitte verlaufender dunkler Streifen.

ABFOHLEN: Geburtsvorgang beim Pferd. Die Tragzeit beträgt 11 Monate. Die meisten Stuten möchten beim Abfohlen nicht gestört werden, häufig bringen sie ihr Junges nachts zur Welt.

ABSPRUNGSTANGE: Eine vor einem Hindernis auf dem Boden liegende Stange. Sie erleichtert es Pferd und Reiter, den Punkt des richtigen Absprungs zu finden.

ABZEICHEN: Weiße Fellzeichnung an Kopf oder Beinen auf sonst dunkler Grundfarbe des Pferdes. Am Kopf wird sie als Flocke, Stern, Blesse, Strich oder Schnippe bezeichnet. An den Gliedmaßen unterscheidet man beispielsweise: weiße Krone, weiße Fessel oder weißen Ballen.

ANREITEN: Erstes Stadium der Ausbildung eines Jungpferdes. Ein angerittenes Pferd ist gerade so weit, daß es den Reiter akzeptiert und ihm gehorcht.

AUFBÄUMEN: Hochreißen von Kopf und Vorderbeinen.

AUSLAUF: Sandplatz, der jedem im Stall gehaltenen Pferd zur Verfügung stehen sollte. Pferde müssen ihren Bewegungsdrang – auch ohne Reiter – befriedigen können.

B

BALANCIERSTANGE: Einheit aus Kopf und Hals, mit der das Pferd sein Gleichgewicht während schneller Bewegungen ausbalancieren kann.

BANDAGEN: Leinen- oder Baumwollbinden, die um das Röhrbein und den halben Fesselkopf gewickelt werden. Sie sollen den unteren Bereich der Gliedmaßen vor Verletzungen schützen.

BEHANG: Mähne, Schweif und lange Behaarung unterhalb des Sprunggelenks; letztere meist bei Kaltblütern besonders ausgeprägt (Kötenbehang).

BOX: Ein nach allen Seiten abgegrenzter Raum innerhalb eines Stalles, in dem sich das Pferd frei bewegen kann.

BRAUNER: Jedes Pferd, dessen Fell einfarbig braun ist, das jedoch einen schwarzen Schweif und eine schwarze Mähne hat.

BUSCHOXER: Hindernis, zwischen dessen Stangen Buschwerk gesteckt ist.

C

CAVALETTO/Cavaletti (Plural): Übungshindernis, bei dem die Sprungstange auf zwei Holzkreuzen liegt. Ein Cavaletto ist maximal 50 Zentimeter hoch.

D

DAMENSATTEL: Auch Amazonensattel. Sattel für Frauen aus früheren Jahrhunderten, heute aber auch wieder beliebt. Beim Reiten werden die Beine auf einer Seite des Pferdes gehalten.

DECKENGURT: Riemen, mit dem eine Decke auf dem Rücken des Pferdes befestigt wird.

DEUTSCHES REITPONY: Pferde, die meist aus einer Ponyrasse und einem Vollblut entstanden sind. Die Tiere sind meist sehr elegant und lassen sich leicht reiten.

DRESSUR: Ausbildung des Pferdes zu vollkommenem Gehorsam und eleganten Bewegungen. Das Dressurreiten widerspricht nicht der Natur des Pferdes, da es alle geforderten Bewegungen beherrscht. Der erfahrene Reiter muß das Tier nur so weit bringen, daß es die Bewegungen auf Verlangen ausführt.

F

FALBE: Ein Pferd mit creme- bis honigfarbenem Fell, aber schwarzem Langhaar – Mähne und Schweif.

FÉDERATION EQUESTRE INTERNATIONALE / FEI: Dachorganisation des internationalen Turniersports. Im Gegensatz dazu versteht man unter FN (Féderation nationale) den Hauptverband für Zucht und Prüfung nationaler (deutscher) Pferde.

FEHLERHAFTIGKEIT: Mißbildung oder mangelnde Anpassung eines Körperteils des Pferdes an seine Funktion, beispielsweise fehlerhafte Beinstellung, Kopfform oder ungünstiger Halsansatz.

FESSEL: Teil des Pferdebeins über dem Fuß. Das Fesselgelenk soll möglichst kräftig ausgeprägt sein, da es großen Belastungen ausgesetzt ist.

FOHLEN: Bis zum Alter von 6 Monaten wird das Jungtier als Saugfohlen bezeichnet, danach Absetzer (es wird nicht mehr gesäugt) und mit 1 Jahr Jährling.

FUCHS: Pferd mit meist rotbraunem Fell und ebensolchem Langhaar – Mähne und Schweif.

FÜHRLEINE: Auch Führstrick. Eine meist rundgeflochtene Leine zum Führen und Anbinden des Pferdes. Sie wird locker um den Hals des Tieres geknotet.

G

GANGARTEN: Natürliche Bewegungsarten des Pferdes sind Schritt, Trab und Galopp. Manche Pferderassen (Achal-Tekkiner, Island-Pony, Criollo) haben eine Veranlagung zu Spezialgangarten – Paßgang oder Tölt.

GEBISS: Auch Mundstück. Es besteht aus Metall, Gummi oder Plastik und wird in die große Zahnlücke (Kinnlade) des Pferdemauls gelegt. Durch die Zügel wird es an seinem Platz gehalten. Der Reiter wirkt mit Hilfe der Zügel auf das Mundstück ein und lenkt somit das Pferd in die gewünschte Richtung.

GLEICHGEWICHT: Beim Pferd: Ausgeglichene, harmonische Bewegung des Pferdes unter dem Sattel. Das Tier trägt die Körpermasse des Reiters ohne Muskelverspannung. Beim Sprung ist die Balancierstange – Kopf und Hals – sehr wichtig. Beim Reiter: Sicherer, unverkrampfter Sitz in allen Gangarten des Pferdes.

GESCHIRR: Riemen- und Lederzeug für die Verbindung von Zugpferden mit einem Wagen, Pflug . . .
Es wird entweder das Kummet- oder ein Sielengeschirr verwendet.

GESTÜT: Einrichtung für die Pferdezucht. Hauptgestüte halten sowohl Stuten als auch Hengste und züchten selbst. Landesgestüte besitzen nur Hengste. Alle Hengste und Zuchtstuten tragen an einem Hinterschenkel oder am Hals ein bestimmtes Brandzeichen.

H

HACKAMORE: Bei dieser gebißlosen Zäumung wird das Pferd durch Druck von Riemen und Metallhebeln auf das Nasenbein und das Gesicht gelenkt.

HALFTER: Gebißloser Kopfzaum zum Führen oder Anbinden eines Pferdes. Ein Halfter besteht meist aus Leder, pflegeleichter sind solche aus Nylongurten.

HAND: Richtung, in der in der Halle oder auf der Reitbahn geritten wird. Befindet sich der Reiter auf der „rechten Hand", so reitet er im Uhrzeigersinn. Wird die Hand gewechselt, reitet man auf der „linken Hand" – gegen den Uhrzeigersinn.

HENGST: Männliches Pferd.

HILFEN: Mit ihnen „erklärt" ein Reiter seinem Pferd, was es ausführen soll. Natürliche Hilfen sind Gewichtseinwirkung, Zügel-, Kreuz- und Schenkelhilfen. Sie können unterstützt werden durch den Gebrauch der Stimme, der Gerte, der Sporen oder der Hilfszügel.

HILFSZÜGEL: Sie gehören nicht zur normalen Zäumung. Sie sollen Halshaltung oder Unarten des Pferdes korrigieren.

HINTERHAND: Hinterer Teil des Pferdekörpers – Kruppe, Hinterbeine und Schweif.

HINTERZWIESEL: Hintere Kante des (englischen) Sattels.

HOHE SCHULE: Kunstreiterei. Neben den Dressurlektionen „auf der Erde" müssen die Pferde auch die sogenannte Schule über der Erde – Levade und Pesade – und die Schulsprünge – Capriole, Croupade, Courbette und Ballotade – ausführen.
In der Spanischen Reitschule Wien werden die Lektionen der Hohen Schule auf weißen Lipizzaner-Hengsten geritten.

HORNKAPSEL: Äußere, unempfindliche Hornschicht, die den Huf umschließt. Beim Beschlagen der Hufe finden hier die Hufnägel Halt.

HUFSCHLAG: Vorgeschriebene Laufspur des Pferdes auf dem Dressurviereck oder in der Reitbahn.

I

ISABELL: Pferd mit creme- bis honigfarbenem Fell, das Langhaar ist aber im Gegensatz zu den Falben weißlich. Sehr selten sind Weißisabellen – es sind keine weißgeborenen Schimmel! Wegen ihres cremeweißen Fells, der rosa Haut (sonst stets blauschwarz), der hellblauen Augen mit roter Pupille werden sie auch Halbalbinos genannt.

J

JOCKEY: Deutsch: Jokei/Jockette. Ursprüngliche Bezeichnung für einen Stallburschen. Heute berufsmäßiger Rennreiter/in, der/die eine Zulassung (Lizenz) der Rennsportbehörde seines/ihres Landes besitzen muß.

K

KALTBLÜTER: Schwere, langsame Arbeits- und Zugpferderassen, wie Percheron, Brabanter, Schleswiger oder Rheinisch-Westfälisches Kaltblut. Der Begriff bezieht sich nicht auf die Bluttemperatur (stets um 38 Grad Celsius), sondern auf das Temperament der Tiere.

KANDARE: Gebißart, bei der beiderseits des Mundstücks Hebel mit Ringen an den Enden herausragen. Hier werden die Zügel eingeschnallt. Zusätzlich führt eine Kinnkette durch die sogenannte Kinnkettengrube des Pferdes von einem Hebel zum anderen. Meist wird jedoch ein Kandaren- mit einem Trensengebiß kombiniert (Kandare mit Unterlegtrense).

KASKADEUR: Artist, der wagemutige Sprünge und Sturzsprünge – auf/mit einem Pferd – ausführt.

KINNLADE: Große Zahnlücke zwischen Schneide- und Backenzähnen im Ober- und Unterkiefer eines Pferdes. Dank der Kinnlade kann man das Maul des Pferdes leicht öffnen und das Gebiß in die Lücke legen.

KLEINPFERD: Pferde, die kleiner als 147,3 Zentimeter hoch sind, werden zu den Ponys oder zu den Kleinpferden gezählt. Letztere haben mehr das Aussehen eines kleinen Großpferdes (Pferde ab 150 Zentimeter Höhe).

KOMBINATION: Gruppe von maximal drei Hindernissen, die nicht weiter als drei Galoppsprünge voneinander entfernt stehen dürfen.

KRUPPE: Von kräftigen Muskeln umschlossener Beckengürtel des Pferdes.

KUMMET: Ein um den Pferdehals gelegter gepolsterter Leder- oder Stoffbalg, von dem aus Riemen nach hinten führen und die Verbindung zum Wagen herstellen (Kummetgeschirr).

L

LAHMHEIT: Auf Grund von Verletzungen oder Verschleißerscheinungen der Hufe oder der Gliedmaßen krankhafter, unregelmäßiger Bewegungsablauf eines Pferdes.

LANGHAAR: Langes, ziemlich hartes Haar als Stirnhaar, Mähne und Schweif.

LEICHTTRABEN: Der Reiter hebt bei jedem zweiten Trabschritt sein Gesäß aus dem Sattel, um gleich darauf wieder weich einzusitzen. Der Pferderücken wird bei dieser Reitweise entlastet.

LEKTION: Abschnitt einer Prüfungsaufgabe in der Dressur.

LONGE: Lange Laufleine, an der sich das Pferd im Kreis um den Ausbilder bewegt.

M

MILITARY: Vielseitigkeitsprüfung, bei der Reiter und Pferd eine Geländestrecke, einen Springparcours und eine Dressuraufgabe zu bewältigen haben.

MIMIK: Gesichtsausdruck eines Pferdes zur bildhaften Verständigung mit Artgenossen.

O, P

OHRENSPIEL: Teil der „Pferdesprache". Mit der Haltung der Ohren zeigt ein Tier an, ob es neugierig, müde, kontaktfreudig oder angriffslustig ist.

OXER: Hindernis, das aus zwei hintereinander aufgebauten Ricks (Hindernisse aus einfachen Holzstangen) unterschiedlicher Höhe besteht.

PARCOURS: Hinderniskurs, bei dem aufgebaute Hindernisse in einer bestimmten Reihenfolge zu überwinden sind.

PEDIGREE: Stammbaum eines Pferdes, das zu einer bestimmten Rasse gehört.

PENSIONSSTALL: Ein Stall, in dem Pferdebesitzer ihre Tiere unterbringen können und wo die Pferde von geschultem Personal betreut werden.

PONY: Pferde, deren Widerristhöhe weniger als 147,3 Zentimeter beträgt (manche Fachleute rechnen nur Tiere unter 130 Zentimetern zu den Ponys). Ponys verkörpern den urwüchsigen Pferdetyp; Robustheit, Zähigkeit, Genügsamkeit und Ausdauer sind seine hervorstechenden Eigenschaften.

PUTZZEUG: Geräte zum Putzen eines Pferdes. Die wichtigsten sind: Kardätsche, Striegel, Wurzelbürste und Hufkratzer. Pferde sollten täglich geputzt werden.

R, S

RAPPE: Ein Pferd mit schwarzem Deck- und Langhaar.

RÖHRBEIN: Vordermittelfuß. Der Röhrbeinumfang wird als Maß für die Knochenstärke der Gliedmaßen mit dem Bandmaß unterhalb des Vorderfußwurzelgelenks gemessen.

SATTELDRUCK: Scheuerstellen oder Wunden (meist am Widerrist), die durch schlecht sitzenden Sattel oder Riemen verursacht wurden.

SATTELGESTELL: Auch Sattelbaum. Das Gestell eines Sattels kann aus Holz, Metall, Plastik oder Rohr bestehen. Es wird je nach Art des Sattels mit Leder und Polstermaterial umkleidet. Alle Sättel werden durch einen oder mehrere Gurte in ihrer Lage gehalten.

SATTELUNTERLAGEN: Sie sollen das Scheuern des Sattelgestells auf dem Pferderücken verhindern. Es werden einfache gefaltete Wolldecken, sattelförmig geschnittene Filz-, Fell- oder Steppdecken und Schabracken, die hinter dem Sattel etwas hervorragen und meist verziert sind, verwendet.

SCHECKEN: Pferde, die auf ihrer Grundfarbe mehrere andersfarbige Flecke haben. Je nach Farbe der Flecke spricht man von: Rapp-, Braun- oder Fuchsschecken.

SCHEUEN: Reaktion eines Pferdes auf Erschrecken. Das Pferd springt entweder zur Seite oder bleibt stocksteif stehen.

SCHIMMEL: Echte Schimmel werden immer dunkel geboren, als Braune, Füchse oder Rappen. Mit etwa 10 Jahren sind sie schließlich weiß; die Umfärbung beginnt meist am Kopf.

SCHWEIFRIEMEN: Lederriemen, der den Sattel mit dem Schweif verbindet, um zu verhindern, daß der Sattel nach vorn rutscht.

SCHWEISSMESSER: Lange, stumpfe Klinge mit zwei Handgriffen. Sie wird benutzt, um nach der Arbeit oder dem Baden den Schweiß des Pferdes oder das überschüssige Wasser vom Körper des Tieres „abzuschaben".

SIELENGESCHIRR: Langer, gepolsterter Lederriemen, der um die Brust des Pferdes geführt wird und über den Bauchgurt mit den Zugstangen verbunden ist. Dieses Brustblattgeschirr wird verwendet, wenn das Pferd leichte Lasten und Wagen ziehen soll, für schwere Zugarbeiten wird das Kummetgeschirr benutzt.

SITZ: Haltung des Reiters auf dem Pferd. Man sitzt korrekt im Sattel, wenn von der Schulter über die Hüfte bis zum Stiefelabsatz eine gedachte senkrechte Linie entsteht.

SPRUNGGELENKE: Gelenke der Hinterbeine, aus denen die Kraft des Pferdes für die Vorwärtsbewegung und das Springen kommt.

STÄNDER: Dreiseitig durch Bohlenwände oder auch nur Stangen abgetrenntes Abteil in einem Stall. Im Ständer steht je ein Pferd vor seiner Krippe angebunden.

STEIGBÜGEL: Metall- oder Holzringe, die so groß sind, daß der Fuß des Reiters bequem hineinpaßt. Sie hängen zu beiden Seiten des Sattels an Steigbügelriemen herab und dienen als Fußstütze für den Reiter.

STOCKMASS: Maß für die Pferdegröße. Man ermittelt mit einer Meßlatte die Größe eines Pferdes vom Boden bis zum Widerrist. Messungen mit dem Bandmaß ergeben stets eine größere Höhe (Rumpfmuskulatur).

STUTBUCH: Verzeichnis, in das alle Zuchtstuten einer bestimmten Rasse mit reiner Abstammung eingetragen werden.
Diese Zuchtbücher werden von Zuchtverbänden geführt.

STUTE: Weibliches Pferd.

T, U

TRENSENGEBISS: Einfachste Zäumungsart. Der Teil, der im Maul liegt, kann gebrochen oder ungebrochen, glatt oder gedreht, gerade oder gebogen sein. An jedem Ende befindet sich ein Metallring, an dem die Zügel befestigt werden.

UNTUGENDEN: Schlechte Angewohnheiten des Pferdes, die es unter dem Reiter oder im Stall zeigt.

V

VERZIEHEN: Ausdünnen von Mähne und Schweif durch den Pferdepfleger.

VOLLBLÜTER: Schnellste und eleganteste Pferderasse (Araber, Englisches Vollblut), die hauptsächlich für den Rennsport gezüchtet werden.

VOLTE: Eine Hufschlagfigur, die nur dann korrekt geritten ist, wenn sie völlig rund ist und einen Durchmesser von 6 Metern hat.

VORDERZEUG: Lederriemen um Schulter und Brust des Pferdes. Sie sollen verhindern, daß der Sattel nach hinten rutscht. Vorderzeug wird bei Bergtouren benutzt.

VORDERZWIESEL: Vordere Wölbung des Sattels, die genau über dem Widerrist liegt. Der Sattel darf aber keinesfalls auf dem Widerrist aufliegen.

VORHAND: Vorderer Teil des Pferdekörpers: Widerrist, Schulter, Brust und Vorderbeine. Häufig werden auch Kopf und Hals, die Balancierstange, dazugerechnet.

W

WALLACH: Ein kastrierter (zeugungsunfähiger) Hengst.

WARMBLÜTER: Freizeit- und Turnierpferdetyp, der im Temperament ausgeglichener als ein Vollblüter ist und auch einen kräftigeren Körperbau hat (Holsteiner, Hannoveraner, Quarter-Horse).

WASSERGRABEN: Hindernis für Weitsprünge.
In fast allen Turnierparcours wird ein Wassergraben eingebaut.

WIDERRIST: Von den ersten fünf bis zwölf Rückenwirbeln gebildete mehr oder weniger hervorstehende Knochenerhebung.
An diesem Punkt wird die Höhe eines Pferdes gemessen.

Z

ZAUMZEUG: Hilfsmittel zur Lenkung und Beherrschung des Pferdes durch den Reiter oder Gespannführer (Halfter, Zügel, Trense).

ZUCHTVERBAND: Organisation, in der sich die Züchter einer bestimmten Rasse oder eines bestimmten Zuchtgebietes zusammengeschlossen haben.

ZÜGEL: Mit dem Gebiß verbundene Lederriemen, um das Pferd zu lenken, aber nicht, um sich beim Reiten daran festzuhalten.